U0243213

少儿环保科普小丛书

明天的阳光空气和水

本书编写组◎编

中国出版集团公司

世界图书出版公司

广州·上海·西安·北京

图书在版编目（CIP）数据

明天的阳光、空气和水／《明天的阳光、空气和水》
编写组编. — 广州：世界图书出版广东有限公司，
2017.4
　ISBN 978 - 7 - 5192 - 2847 - 7

　Ⅰ．①明… Ⅱ．①明… Ⅲ．①环境保护 - 青少年读物
Ⅳ．①X - 49

　中国版本图书馆 CIP 数据核字（2017）第 072171 号

书　　名：明天的阳光、空气和水
　　　　　Mingtian De Yangguang Kongqi He Shui

编　　者：本书编写组
责任编辑：康琬娟
装帧设计：觉　晓
责任技编：刘上锦
出版发行：世界图书出版广东有限公司
地　　址：广州市海珠区新港西路大江冲 25 号
邮　　编：510300
电　　话：（020）84460408
网　　址：http://www.gdst.com.cn/
邮　　箱：wpc_ gdst@163.com
经　　销：新华书店
印　　刷：虎彩印艺股份有限公司
开　　本：787mm×1092mm　1/16
印　　张：13
字　　数：140 千
版　　次：2017 年 4 月第 1 版　2019 年 2 月第 2 次印刷
国际书号：ISBN 978 - 7 - 5192 - 2847 - 7
定　　价：29.80 元

本书编写组

主任委员：

    潘　岳　中华人民共和国环境保护部副部长

执行主任：

    李功毅　《中国教育报》社副总编辑

    史光辉　原《绿色家园》杂志社首任执行主编

执行副主任：

    喻　让　《人民教育》杂志社副总编辑

    马世晔　教育部考试中心评价处处长

    胡志仁　《中国道路运输》杂志社主编

编委会成员：

    董　方　康海龙　张晓侠　董航远　王新国

    罗　琼　李学刚　马　震　管　严　马青平

    张翅翀　陆　杰　邓江华　黄文斌　林　喆

    张艳梅　张京州　周腾飞　郑　维　陈　宇

执行编委：

    于　始　欧阳秀娟

本书作者：

    王晖龙　王爱民

本书总策划/总主编：

    石　恢

本书副总主编：

    王利群　方　圆

目　录
Contents

引　　言

在支撑地球生命存在的诸多条件中，阳光、空气和水是最为基本的，也是最主要的三大要素。正因为有了阳光、空气和水，人类才有机会获得累累果实。正是因为有了这些果实的滋养，人类才得以不断地繁衍生息，不断地生长和创造。

但工业革命以来，尤其是 20 世纪 50 年代以后，人类改造自然的力量、广度和深度，都似乎预示着人类历史上新纪元的来临。这可能是人们所能设想到的最重大的革命。人类似乎正以全球范围的规模，对未受控制的事物加以控制，并用人造的代替天然的，用计划性代替盲目性。人们正以史无前例的速度和深度，对大自然进行改造。随着人类改造自然能力的提高，生产力规模的扩大，科学技术、工程技术手段的发展，人们创造了大量自然界自身不能自我分解、自我消化的物品，使人类与其生存的环境发生了矛盾，造成了严重的环境失衡问题。

人类向大气中排放消耗臭氧层物质，造成了南极上空的臭氧从 20 世纪 70 年代以来已经减少了 10%。2000 年，臭氧层空洞的最大面积已达到 2.8 万平方千米。太空射线通过空洞直接照射到地球上造成了南极冰川的融化，造成了患皮肤癌的人数大量增加。当今世界中，人类每年向空气中排放的二氧化碳有 62 亿吨之多，其中最严重的是亚太地区，有 21 亿吨，欧洲和北美也各有 16 亿吨。大量温室气体的排放，加上大气中的灰尘和微粒，足以改变地球上的温度，达到难以预料的地步。化石燃料的燃烧在增加，二氧化硫等酸性物质的排放，导致全球范围内严重的酸雨污染。

在世界范围内，全球有一半的河流被严重污染，有 11 亿人得不到安全卫生的饮用水。有 80 个国家，其人口占全球的 40%，严重缺水。湖泊及内海受到了未经处理废物的威胁，其中许多废物可使细菌和藻类繁殖，这些微生物又消耗水中的氧气，使其他水生物受到缺氧的威胁。海洋污染同样不可忽视，全球有 1/3 的人口居住在离海岸不到 60 千米的地区。广阔的海洋所遭人类污染的危害，远比设想的大得多。流入海洋过多的有毒物质、杀虫剂和化肥，还有油污，淤塞了许多鱼类繁殖的河流出口。甚至旅游发展也对海洋造成严重污染，有 1/3 的鱼类因为海洋污染和过度捕捞已经灭绝。长此以往，甚至海洋也要停止其像目前那样为人类提供无偿而又可靠的服务了。

现在，人类生活的两个世界——所继承的生物圈和所创造的技术圈——业已失去了平衡，正处于潜在的深刻矛盾中。而人类正好生活在这种矛盾中间，这就是我们所面临的危机，这场危机，较之人类任何时期所遇到的都更具有全球性、突然性、不可避免性和困惑不可知性。人类不禁会问，明天是否依然能够享受给人类带来累累果实的阳光、空气和水？明天是否依然能够在地球的臂弯里生存、生活？

第一章 大气污染与臭氧层破坏

大气是由一定比例的氮气、氧气、二氧化碳、水蒸气和固体杂质微粒组成的混合物。就干洁空气而言，按体积计算，在标准状态下，氮气占78.08%，氧气占20.94%，氩气占0.93%，二氧化碳占0.03%，而其他气体的体积则是微乎其微的。各种自然变化往往会引起大气成分的变化。例如，火山爆发时有大量的粉尘和二氧化碳等气体喷射到大气中，造成火山喷发地区烟雾弥漫，毒气熏人；雷电等自然原因引起的森林大面积火灾也会增加二氧化碳和烟粒的含量等等。一般来说，这种自然变化是局部的，短时间的。随着现代工业和交通运输的发展，向大气中持续排放的物质数量越来越多，种类越来越复杂，引起大气成分发生急剧的变化。当大气正常成分之外的物质达到对人类健康、动植物生长以及气象气候产生危害的时候，我们就说发生了大气污染。一般来说，大气污染也称为空气污染，但前者比后者所指的范围、区域等要更大一些。

大气污染的一个重要来源是工业，工业排放到大气中的污染物种类繁多、性质复杂，有烟尘、硫的氧化物、氮的氧化物、有机化合物、卤化物、碳化合物等。其中有的是烟尘，有的是气体。生活炉灶与采暖锅炉也是大气污染的一个来源，城市中大量民用生活炉灶和采暖锅炉需要消耗大量煤炭，煤炭在燃烧过程中要释放大量的灰尘、二氧化硫、一氧化碳等有害物质污染大气。特别是在冬季采暖时，往往使污染地区烟雾弥漫，呛得人咳嗽。随着社会的发展，交通运输也成为大气污染的重要来源。汽车、火车、飞机、轮船是当代的主要运输工具，它们烧煤或石油产生的废气也是重要的污染物。特别是城市中的汽车，量大而集中，排放的废气主要有一氧化碳、二氧化硫、氮氧化物和碳氢化合物等，这些污染物能直接侵袭人的呼吸器官，对城市的空气污染很严重，成为大城市空气的主要污染源之一。

第一节　严重的大气污染

大气污染会产生多方面的影响。空气中灰尘、颗粒物的增加，会使得到达地面的阳光减少，尤其是对于人群集中的城市而言，见不到阳光的阴天变多，甚至会出现光化学烟雾这样的极端气候现象。大气污染，是很多呼吸道疾病和心脑血管疾病多发的一个原因。排放到空气中人造的一些氟化物，会导致臭氧层的破坏。空气中二氧化碳等温室气体的增加，则会使全球气候变暖，进一步产生其他恶劣影响；二氧化硫等气体的排放，则造成世界范围内的酸雨污染。

一、大气污染致阳光变少

受大气污染的影响，地球上的蓝天和阳光越来越少。尤其是城市里的人们，渴望蓝天，更渴望阳光；没有阳光普照的日子，人们的精神像是被从躯体里剥离了出去，显得无精打采。根据美国气象学家发表的一份报告显示，与 20 世纪 50 年代相比，现在到达地球表面的阳光减少了 10%。造成这个变化的原因之一是空气中污染物的增多，这些污染物在阳光到达地表之前，就将阳光反射回太空去；另一个原因是气候变化导致空气中云雾量增加，从而阻挡阳光到达地表。

大气污染让阳光变得珍稀

　　美国气象学家是通过设在全球各地的数百个传感装置所做的记录而得出阳光变少的结论的，但是，这种变化趋势是否会继续下去，是否会加速发生或是发生突变，尚且不得而知。并且，就阳光到达地表减少的情况，全球各个地方的情况也不太相同，一些地方比较严重，而一些地方则没有什么变化。

二、大气污染导致光化学烟雾

汽车、工厂等污染源排入大气的碳氢化合物和氮氧化物等一次污染物，在阳光的作用下发生化学反应，生成臭氧、醛、酮、酸、过氧乙酰硝酸酯等二次污染物。参与光化学反应过程的一次污染物和二次污染物的混合物所形成的烟雾污染现象叫作光化学烟雾。

光化学烟雾的成分非常复杂，光化学烟雾会损害人类的健康，尤其是人的眼睛和黏膜受到强烈刺激，会发生头痛、呼吸障碍、慢性呼吸道疾病恶化、儿童肺功能异常等。光化学烟雾对动物的影响与对人的影响类似，对植物的影响主要是影响其正常生长，对粮食产量影响也较大。另外，光化学烟雾还会促成酸雨形成，造成橡胶制品老化、脆裂，使染料褪色，建筑物和机器受腐蚀，并损害油漆涂料、纺织纤维和塑料制品等。

20 世纪 40 年代之后，随着全球工业和汽车业的迅猛发展，光化学烟雾污染在世界各地不断出现。1943 年，美国洛杉矶市发生了世界上最早的光化学烟雾事件。经过反复的调查研究，直到 1958 年才发现这事件是由于洛杉矶市拥有的 250 万辆汽车排气污染造成的。这些汽车每天消耗约 1600 吨汽油，向大气排放 1000 多吨碳氢化合物和 400 多吨氮氧化物。这些气体与阳光发生反应，酿成了危害人类的光化学烟雾事件。此后，在北美、日本、澳大利亚和欧洲部分地区也先后出现这种烟雾。

1970 年，美国加利福尼亚州发生的光化学烟雾事件，使农作物损失达 2500 多万美元。

1971 年，日本东京发生了较严重的光化学烟雾事件，使一些学生中毒昏倒。与此同时，日本的其他城市也有类似的事件发生。此后，日本一些大城市连续不断出现光化学烟雾。

1997 年夏季，拥有 80 万辆汽车的智利首都圣地亚哥也发生光化学烟雾事件。由于光化学烟雾严重，政府对该市实行紧急状态：学校停课、工厂停工、影院歇业，孩子、孕妇和老人被劝告不要外出，使智利首都圣地亚哥处于"半瘫痪状态"。

20 世纪 90 年代以后，随着工业的迅猛发展，我国汽车油耗增大，污染控制水平较低，以致汽车污染日益严重。部分大城市交通干道的氮氧化物和一氧化碳严重超过国家标准，汽车污染已成为主要的空气污染物。一些城市的汽车排放浓度严重超标，使城市已具有发生光化学烟雾的潜在危险。

三、大气污染使呼吸道疾病增多

被污染的空气中含有多种有害成分，包括细菌、病毒、有机物、无机物和各种有害气体等。人们在呼吸的过程中，这些有害成分就会侵入人体呼吸系统，引起各种呼吸道疾病，比如慢性支气管炎、过敏性疾患、急性呼吸道感染、哮喘、肺癌等。

有调查显示，呼吸系统疾病已占我国人口疾病死亡率的第 3 位，成为危害健康的主要疾病之一。空气污染已被普遍认为是导致呼吸系统疾病的重要因素。目前在我国监测的 300 余个城市中，54.4%的城市的颗粒物浓度超过二级标准。全国主要城市的总悬浮颗粒物有下降趋势，但可吸入颗粒物的排放量却仍然呈上升趋势。颗粒物

和二氧化硫是我国最主要的大气污染物，其对人类健康造成的主要危害是引起慢性呼吸系统疾病，包括慢性支气管炎、哮喘、肺气肿等，特别是会导致老年人心脑血管疾病、肺心病、慢性阻塞性肺部疾病的发病率和死亡率会显著增加。还有研究表明，重金属、多环芳烃等大气污染物吸附在颗粒物上，人体吸入后可引起癌症。

工厂排放的有毒气体可损伤肺部，引起肺水肿、化学性肺炎、闭塞性支气管炎等，严重的还可导致肺组织坏死。患者往往出现咳嗽、胸闷、气短、呼吸困难等临床症状，X射线检查显示局限性肺炎、肺气肿、肺组织纤维化、肺水肿等病症。

特别需要指出的是，空气污染对呼吸道疾病增多的影响，尤其以儿童这一人群最为明显。儿童有其特殊的生理特点，即呼吸道比成人狭窄、呼吸频率较快；而且儿童普遍喜好户外活动，因此更容易受到外界大气状况的影响。大气污染对儿童的影响主要包括，可能影响儿童肺功能和肺的发育，促进和诱发咳嗽、过敏性鼻炎、哮喘等疾病。特别是儿童年龄越小，对大气污染的敏感性越高，患病的危险性越大。

我国一项有关儿童哮喘的调查显示，我国城市儿童哮喘发病率正在上升，并与大气污染有关。研究人员调查发现，学龄儿童哮喘和哮喘性支气管炎的发病率都比较高，也就是说，在致敏源的作用下，大气污染有加重哮喘的可能。另外，希腊第九届儿童呼吸系统疾病研讨会发表的研究报告指出，科学家在人口密集的巴西圣保罗与墨西哥首都墨西哥城进行研究，发现当地空气污染程度逐年恶化，儿童的死亡率也随之增加。报告指出，空气中所含污染分子每增加

10 个单位，儿童死亡率也随之增加3% ~ 4%。

四、大气污染导致心脑血管疾病

空气污染与呼吸道疾病的发生密切相关，是人们可以很容易想到的，但空气污染为什么会导致心脑血管疾病呢？越来越多的研究结果表明，空气污染的程度与心脑血管疾病的发病率密切相关。

美国哈佛大学公共卫生学院在对空气中的各种污染物检测后，发现直径小于 10 微米的细微颗粒物与心脑血管疾病的发生及死亡的增加关系密切。也就是说，这些细微颗粒物与冠心病、心肌梗死、高血压和中风的发生及死亡的增加密切相关。

德国的研究人员调查了德国两个城市的 3399 位居民。结果发现：居住在交通要道 150 米之内的居民与远离交通要道的居民相比，冠心病的发生率增加了 1.85 倍。美国曾对卡车运输、纺织从业人员进行调查，结果发现：空气中直径小于 10 微米的细微颗粒物浓度每增加 10 微克/立方米，发生心肌梗死和心力衰竭的风险增加 1.4 倍，死亡率增加 1 倍以上。

英国爱丁堡大学的一项针对暴露于废气环境中的男性工人的实验发现：空气污染可明显加重心肌缺血，如原有心脏病，则会引起更为严重的后果。

链接：全球最脏十大城市

美国《大众科学》杂志每年评选一次"全球最脏十大城市"。2009 年，被评为全球最脏的十大城市是乌克兰的切尔诺贝利、俄罗

斯的捷尔任斯克、多米尼加共和国的海纳、赞比亚的卡布韦、中国的山西临汾、秘鲁的拉奥罗亚、吉尔吉斯斯坦的梅鲁苏、俄罗斯的诺利尔斯克、印度的拉尼贝特和俄罗斯的鲁德纳亚。

1. 乌克兰切尔诺贝利

切尔诺贝利是世界上臭名昭著的污染大城市。铀、钚、放射性碘、铯^{137}、锶和其他重金属或放射性金属都有在这里排放。要知道这个城市在其放射性污染达到顶峰时期竟然是长崎广岛原子弹爆炸所引起的污染的100倍之多。

2. 俄罗斯捷尔任斯克

捷尔任斯克有30万常住人口，同时这里也是俄罗斯冷战时期的化学武器生产基地。这里储备了大量的未处理完的有毒物质。这些成吨计算的有毒物质全排放到生活用水里，导致捷尔任斯克这个城市的死亡率一直高于出生率2.6倍。

3. 多米尼加共和国海纳

海纳可称得上是一个名副其实的"毒城"。这是一个仅有8.5万人口的小城市，但是它却以"电池回收地"而出名。每年许多国家消费过的废旧电池都拿到这个没人管理的地方做简单处理，导致这里受到严重的铅污染。

4. 赞比亚卡布韦

卡布韦是赞比亚第二大城市，拥有25万人口。那里是一个铅铜丰富的矿区。由于人们胡乱开采和疏于管理，致使那里的铅锌污染非常严重。由于1992年以来这座城市都在进行铅矿的开采，这里的土壤和水资源都受到了重金属铅的污染，大量居民因此也出现铅中毒的现象。由于当地的儿童经常在遭受铅污染的泥土中戏耍及在受污染的水中洗澡，这些儿童身体的血液铅含量严重超标，几乎达到了致命的程度。

5. 中国山西临汾

众所周知，山西是一个产煤大省，临汾也是煤矿资源非常富足的地方。以煤、焦铁为主要产业链的重型产业结构，在为城市创造巨大经济价值的同时，也带来了严重的环境污染。临汾当地大量的地方卫生医疗场所都面临着支气管炎、肺炎和肺癌患者日益剧增的问题。临汾的400多万居民面临着严重的空气污染问题和砷污染的饮用水问题。

6. 秘鲁拉奥罗亚

拉奥罗亚小镇位于安第斯山脉，人口3.5万。由于总部位于美国密苏里州的Doe Run公司在该地兴建了金属矿物冶炼厂，从而导致当地居民暴露于重金属如铅、铜和锌的威胁之下。据位于纽约的相关机构调查显示，拉奥罗亚小镇所有儿童的血液中铅含量数据高得惊人，达到了一个十分危险的程度。同时，由于金属冶炼所产生的二氧化硫以酸雨的形式降落地面，这一地区的植被几乎被毁灭殆尽。

7. 吉尔吉斯斯坦梅鲁苏

梅鲁苏简直就是一个放射性物质垃圾场，这里有近200万立方米的放射性铀矿等废弃物，它甚至威胁到整个费尔干纳盆地。尽管这里曾发生过巨大的爆炸，这可能消去一些放射性物质。但是，如今这里仍旧存在着196万立方米的放射性废物。

8. 俄罗斯诺利尔斯克

诺利尔斯克有世界上最大的重金属熔炼厂，年排放镍和钴等污染物超过200万吨，导致儿童出现严重的呼吸和咽喉疾病。这一城市的矿业开采和冶炼兴起于20世纪30年代，目前这座有着13.4万人口的城市也是世界上最大的重金属冶炼基地。据观察，这一地区的积雪并不是人们印象中的雪白，而基本上都是被污染物覆盖的黑色。人们也可以经常在空气嗅到硫黄的味道，而这里的人们的平均寿命都要比俄罗斯居民的平均寿命至少短10年。

9. 印度拉尼贝特

拉尼贝特有300万人口，这里是印度五个制革中心之一。皮革废弃物中的铬和其他化学物质污染了地下水源，据悉每年都有150万吨有毒物质排放到水里。如今这里的水已经严禁用于沐浴和饮用。

10. 俄罗斯鲁德纳亚

鲁德纳亚也是俄罗斯的一个巨型熔炼基地。几乎这个地球上有的东西都曾在这个仅有9万人的城市里熔炼处理过。据说，已经没有植物能在这里生长了，其污染程度可想而知。

第二节　臭氧层与臭氧层空洞

臭氧对调节地球气温有很大的作用。臭氧吸收紫外线辐射的效率极高，所以在臭氧浓度较高的地方，几乎所有的紫外线都已被吸收而转化成热能了，只有少数的紫外线抵达离地面较低的地方。

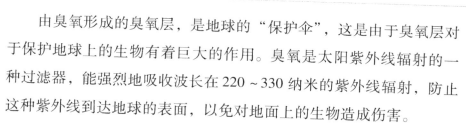

由臭氧形成的臭氧层，是地球的"保护伞"，这是由于臭氧层对于保护地球上的生物有着巨大的作用。臭氧是太阳紫外线辐射的一种过滤器，能强烈地吸收波长在220～330纳米的紫外线辐射，防止这种紫外线到达地球的表面，以免对地面上的生物造成伤害。

臭氧层是地球的"天然屏障"，一旦空气污染导致臭氧层的破坏，产生臭氧层空洞，就相当于在阳光中加入了"毒素"。没有了臭氧层的"隔离术"，阳光对地球、生物、人类来说可能就成了灾难的代名词。

一、大气的分层

自地球表面向上，随高度的增加，空气愈来愈稀薄。大气的上界可延伸到2000～3000千米的高度。在垂直方向上，大气的物理性质有明显的差异。根据气温的垂直分布、大气扰动程度、电离现象等特征，大气从上至下依次分为散逸层、电离层、中间层、平流层、对流层。其中，臭氧层就处于平流层内。

散逸层是大气的最外一层，也是大气层和星际空间的过渡层，但无明显的边界线。这一层，空气极其稀薄，大气质点碰撞机会很小。气温也随高度增加而升高。由于气温很高，空气粒子运动速度很快，又因距地球表面远，受地球引力作用小，故一些高速运动的空气质点不断散逸到星际空间，散逸层由此而得名。

在电离层里，空气的密度很小，在270千米高度处，空气密度约为地面空气密度的百亿分之一。由于空气密度小，在太阳紫外线和宇宙射线的作用下，氧分子和部分氮分子被分解，并处于高度电

离状态。电离层具有反射无线电波的能力，对无线电通讯有重要意义。

中间层的气温随高度增高而迅速降低，中间层的顶界气温降至 −113℃ ~ −83℃。因为该层臭氧含量极少，不能大量吸收太阳紫外线，而氮、氧能吸收的短波辐射又大部分被上层大气所吸收，故气温随高度增加而递减。

在平流层中，臭氧浓度急剧上升，平流层比对流层要干燥得多。由于空气特别的稀薄，平流层往往成为某些污染物的躲藏所。如核爆炸产生的污染物，在平流层中就比对流层中多得多。飞机也往往在这一层中行驶，把大量废气、垃圾等排放在平流层中。

对流层包含了地球上 80% 以上的大气。几乎所有的云、雾、降雨等天气现象都发生在对流层。对流层是各种生物活动的空间。紧贴地面的空气是比较温暖的，这是因为地面土壤和海洋吸收了太阳光送来的短波光线的能量，然后辐射出长波段的红外线。空气本身是不能够吸收阳光使其温度上升的，正是红外线才使空气变热。

二、臭氧与阳光中的紫外线

臭氧是氧气的一种异构体，是大气中的微量气体之一，在大气中的含量仅占亿分之一，如果把所有这些臭氧集中在地球表面上，也只能形成 3 毫米厚的一层气体，总重量约为 30 亿吨，臭氧在地表空气中是微乎其微的，但在海拔 10 ~ 60 千米中聚集了一个臭氧层，且主要聚集在平流层中距地面 20 ~ 25 千米的高空。臭氧层对保护地球上的生命以及调节地球的气候都具有极为重要的作用。

在平流层中，在太阳光照射下，氧气分离成氧原子。氧原子与氧气结合生成臭氧。臭氧又吸收紫外线，变成氧气和氧原子，这样循环往复，不断地生产大量的臭氧。

在大气层的上层，氧分子不断受到太阳光紫外线的辐射。当氧分子吸收了波长短于242纳米的光子时就会分解成两个氧原子，因而在海拔400千米或更高的地方，99%的氧处于原子状态；在高度低于400千米的地方，氧气的数量远多于氧原子；而在130千米左右的地方，氧气和氧原子的浓度相当。当氧原子跟氧分子碰撞，并有一个双原子物质，如氮气或氧气，吸收过剩的能量时，就产生臭氧。形成臭氧的这个过程在大约海拔30千米的平流层处达到了最高点。大气中所有臭氧几乎都集中在对流层与同温层底部这两层中。臭氧的绝大部分都集中在地面上空20～25千米的空中，其最高浓度约10克/吨，即使在这里，10万个气体分子中也只有1个分子的臭氧。同温层中的臭氧有时可以下降到对流层中来，但对流层中的臭氧却不能上升到同温层中去。

同时，强烈的太阳光不断地加热平流层，使其温度保持在－80℃～－40℃，使平流层始终像一层臭氧薄膜，盖在我们头顶，使空气在对流中生成云彩和雪雨等沉降物，保护着我们的身体免遭紫外线的伤害。

大量科学实验证明，动植物需要一定量的紫外线照射，如果照射不够，可能引起某些疾病，如缺乏维生素D。紫外线的适当照射，能够杀死某些病菌，起到防病的作用。然而，过量紫外线的照射，则会对人类健康产生坏的影响。

臭氧层可以吸收太阳紫外线中对生物有害的部分。同时，由于紫外线是平流层的热能来源，臭氧分子是平流层大气的重要组成部分，所以臭氧层在平流层的垂直分布对平流层的温度结构和大气运动起着决定性的作用，发挥着调节气候的重要功能。

臭氧层对于地球的重要性，有两种使用较广的比喻足以说明：一是臭氧层是地球的"保护伞"；二是臭氧层是地球的"天然屏障"。现在，我们的"保护伞"和"天然屏障"已遭受到了人类自己的大肆破坏，产生了臭氧层空洞。

三、臭氧层空洞

1849 年，人类首次发现臭氧。20 世纪 50 年代末到 70 年代初，发现了臭氧浓度有减少的趋势。1974 年，美国化学家罗兰和穆连于首先提出臭氧层的问题。他们认为，在对流层大气中极稳定的化学物质氯氟烃（氟利昂）被输送到平流层后，在那里分解产生的原子氯就有可能破坏臭氧层。20 世纪 70 年代末开始，科学家们开始每年在南极考察臭氧层。

1982 年冬季，英国南极科学考察队来到南极基地。他们这次的任务主要是观察大气平流层有什么变化。

队员伐曼把往年使用的老仪器放在了一块空旷雪地上。他环顾四周没有发现什么新情况，于是，扭动仪器开关进行观测。刚刚开始工作，仪器就像发疯似的"嘀、嘀"地叫个不停。这种声音不曾有过。伐曼马上意识到：可能有以往没有观测到的光线穿过了大气层。从波段看，它属于臭氧所吸收的部分。

关机后再开机进行观测，仪器仍然发出那种响声。伐曼坚信，这是新的发现。他提着仪器，疾步跑回驻地，和同事们一起分享了这个新发现。通过对观测数据的仔细分析、计算，他们推断：与上次观测时相比，南极上空臭氧减少了20%。

对于这个结论，伐曼和他的同事们感觉多少有些拿不准，还需要等一等，最好是再进行一次重复性观测，以期验证。

1984年10月，英国南极科学考察队带上新仪器，再次登临南极大陆。其主要目的就是确认1982年的观测结果。利用新的仪器，他们依然检测到了本来应该由臭氧吸收的光线。利用观测数据，他们又进行了反复的计算。根据计算结果，他们推断：臭氧层中的臭氧减少了不止20%，而在30%以上。

1984年底，伐曼把他们的论文寄给了《自然》杂志。1985年5月16日，这家杂志刊登了他们的论文。于是，他们的这个最新的、重大的发现传播到了全世界。

1986年，美国的一支南极科学探险队对臭氧层空洞进行了考察。他们的结论是：臭氧层空洞还在不断扩大。

1987年10月，南极上空的臭氧浓度下降到了1957～1978年间的一半，臭氧洞面积则扩大到足以覆盖整个欧洲大陆。从那以后，臭氧浓度下降的速度还在加快，有时甚至减少到只剩30%，臭氧洞的面积也在不断扩大。1994年10月观测到臭氧洞曾一度蔓延到了南美洲最南端的上空。

1995年观测到的臭氧洞的天数是77天，到1996年几乎南极平流层的臭氧全部被破坏，臭氧洞发生天数增加到80天。1997年以

来，科学家进一步观测到臭氧洞发生的时间也在提前。1998年臭氧洞的持续时间超过100天，是南极臭氧洞发现以来的最长纪录，而且臭氧洞的面积比1997年增大约15%，几乎可以相当3个澳大利亚的面积。

2000年，南极臭氧层空洞的面积达到了2800万平方千米。美国国家宇航局发布了当时的臭氧层空洞图片，从图片上可以看到，臭氧洞像一个大的蓝水滴，完全罩在南极的上空，并延伸到南美的南端。

2000年以后，南极臭氧层空洞出现减小与扩大交替的情况。其中，2003年的南极臭氧层空洞又一次达到了2800万平方千米的面积。2007年的2500万平方千米和2008年的2700万平方千米的臭氧层空洞面积，也都表明臭氧层空洞面积处于一个较高的水平。南极上空的臭氧层是在20亿年的漫长岁月中形成的，可是仅在1个世纪里就被破坏了60%。

目前，不仅在南极，在北极上空也出现了臭氧减少的现象，美、日、英、俄等国家联合观测发现，北极上空臭氧层也减少了20%，已形成了面积约为南极臭氧空洞1/3的北极臭氧空洞。

在被称为是世界上"第三极"的青藏高原，我国大气物理及气象学者的观测也发现，青藏高原上空的臭氧正在以每10年2.7%的速度减少，已经成为大气层中的第三个臭氧空洞。

链接：臭氧层恢复速度过快？

过去，全球臭氧层损耗变薄以及南极地区出现的臭氧层空洞一直让人揪心不已。然而美国国家航空航天局科学家的研究却持有相反的观点，他们担心，中纬度地区臭氧层的恢复有可能"过了头"，浓度可能会比破坏之前还要高，臭氧保护伞也有可能成为破坏人体健康的"毒药"。

美国国家航空航天局科学家指出，温室气体在大气中的积累会导致距离地球表面10千米以内的对流层的温度上升，但距离地球30~50千米的平流层的温度却会下降。温度下降会减缓化学反应速度，因此平流层的臭氧受破坏程度也将随之减小，最终臭氧层的自然恢复速度会超过化学物质对它的破坏速度。而温室气体的积累同时也改变了平流层气团在热带和南北极之间的大气环流模式。这意味着在地球的中纬度地区，臭氧层的恢复可能"过了头"，浓度反而比被破坏之前还要高。

而我国的很多地方都属于中纬度地区，未来，这些地区会面临臭氧层过度恢复的威胁吗？针对这个疑问，有专家指出，从2000年开始，臭氧层破坏的速度有所减缓，开始了逐渐恢复的过程，根据氟利昂80年的半衰周期，专家们推算，臭氧层完全恢复要等到2060~2070年。在最近几年内，我国包括中纬度地区的臭氧层仍然在变薄，有关监测数据显示，截至2007年，华东地区上空的臭氧层在过去的20年中出现了变薄的现象，总共变薄了0.1毫米，并没有朝着变厚的方向发展。

然而，现实的情况却不容乐观。以华东地区的南京为例，当地8~16千米的对流层，臭氧的数量已在不断增加，而它无法上升到平流层，危害巨大，专家表示，如果人短暂暴露于臭氧中，可引起咳嗽、喉部干燥、胸痛、黏膜分泌增加、疲乏、恶心等；严重暴露于

臭氧，将影响人的呼吸道结构，明显损伤肺功能，引起炎症。

第三节　臭氧层空洞成因

关于臭氧层空洞的形成，在世界上占主导地位的是人类活动化学假说：人类大量使用的氯氟烷烃化学物质（如制冷剂、发泡剂、清洗剂等）在大气对流层中不易分解，当其进入平流层后受到强烈紫外线照射，分解产生氯游离基，氯游离基同臭氧发生化学反应，使臭氧浓度减少，从而造成臭氧层的严重破坏。为此，世界各国于1987年签订了限量生产和使用氯氟烷烃等物质的《蒙特利尔协定》。

太阳活动影响说则认为当太阳活动峰年（即太阳活动强烈的时期）前后，宇宙射线明显增强，促使双电子氮化物（如二氧化氮）与臭氧发生化学反应，使得奇电子氮化物增加，臭氧转换为氧气。

另外，还有大气动力学认为，每到初春，由于极夜结束，太阳辐射加热空气，产生上升运动，将对流层臭氧浓度低的空气输入平流层，使得平流层臭氧含量减小，容易出现臭氧洞。

后两种学说都认为臭氧层空洞是一种自然现象。关于臭氧层空洞的成因，尚有待进一步研究。

臭氧层空洞成因的人类活动化学假说，在科学界占主导地位，对其进行的研究也较为深入。大量的研究证实，冰箱和空调等设备中制冷剂氟利昂等的使用、人类的飞行活动、氮肥的施用和化石燃料的燃烧、核试验和核爆炸的进行，会向空气中排放大量的废物，如氮氧化物、碳氢化合物、氯化物、溴化物。这些化合物要么对臭氧有分解作用，要么会降低臭氧的生成速度，从而对臭氧层构成破坏，造成臭氧层空洞。

一、罪魁祸首——氟利昂

一般认为，在人为因素中，工业上大量使用氟利昂气体是破坏臭氧层的主要原因之一。氟利昂作为氯氟烃物质中的一类，是一种化学性质非常稳定，且极难被分解、不可燃、无毒的物质。氟利昂是一种科技进步的典型产品，最初是用来作冰箱的冷冻剂，之后扩展应用于现代生活的各个领域。清洁溶剂、空调冷冻、保温材料、无毒喷雾器推动剂、发泡剂和集成电路生产中的溶剂等中都使用了氟利昂。

氟利昂在使用中被排放到大气后，其稳定性决定它将长时间滞留于此达数十年至上百年。由于氟利昂不能在对流层中自然消除，只能缓慢地从对流层流向平流层，在那里被强烈的紫外线照射后分解释放出氯原子，氯原子会把臭氧还原成为氧分子。一个氯原子可以会破坏掉成百上千个臭氧分子，破坏力巨大。

据统计，目前全世界氟利昂的年使用量超过 100 万吨，迄今为止向大气中排放的氟利昂总量达 2000 万吨，大部分仍停留在对流层中，只有 10% 左右到达了平流层。由于氟利昂在世界范围的广泛使用，今后几十年中，大气层的臭氧会因此而持续减少，其后果是十分严重的。

1978 年，美国科学家认识到，氟化物进入平流层后会降低臭氧的生产率。于是，美国政府从 1979 年开始禁止生产、使用氟化物。

当时的美国是全世界最大的氟化物生产国，1976年全世界出售的氟化物中有40%是美国生产的。加拿大、丹麦、芬兰、挪威等国相继加入美国行列，纷纷禁止使用氟化物。于是，一个禁止使用氟化物的国际组织——联合国环境保护署臭氧层保护委员会于1979年成立。经过北美地区和欧洲共同体的努力，1982年全世界氟化物的产量比其高峰年1972年的产量减少了21%。

目前，最早使用氟利昂的24个发达国家已于1985年和1987年分别签署了限制使用氟利昂的《维也纳公约》和《蒙特利尔议定书》。1993年2月，我国政府批准了《中国消耗臭氧层物质逐步淘汰方案》，确定逐渐淘汰消耗臭氧层物质。

除了氟利昂外，臭氧还会与人工合成的含溴的物质发生化学作用，从而造成臭氧自己的消耗。含溴化合物哈龙就是一种很典型的物质。实际上，含有消耗臭氧层物质的产品在我们生活周围四处可见，涉及的行业包括化工生产、消防防火、汽车空调、溶剂清洗、烟草、塑料发泡、家电制冷等。我们熟悉的灭火剂中就含有哈龙。

二、人类飞行活动破坏臭氧

导致大气中臭氧减少和耗竭的物质中，很重要的一种就是平流层内超音速飞机排放的大量一氧化氮。

从20世纪60年代起，英国、法国、苏联和美国竞相研制超音速飞机。这场国际比赛开始时，英国、法国一时居于领先地位。他们研制出了"协和"飞机。当英法联合准备大量生产"协和500"号飞机，苏联大量生产"图－144"飞机时，美国成功研制了"波

音 707"。

当它们开始在世界上空穿梭时，国际社会第一次发出了保护臭氧层的呼吁。这场运动是由美国科学家迈克唐纳发起的。他应美国科学院的邀请，就"协和"飞机对于环境的影响进行了系统的调查和科学研究。

那时，许多人担心，"协和"飞机在平流层里飞行，排放了大量水蒸气。这些水蒸气在平流层中会变成冰晶。如果那些冰晶降落到地面，会砸伤很多人。如果那些冰晶滞留在天空，大量反射太阳光，会使进入对流层的太阳能减少，这样气候会变化。可是，迈克唐纳1966年发表的报告声称："协和"飞机不会对气候产生严重的影响。

其实，他低估了问题的严重性。这些飞机在万里高空中飞行，排放了大量的废气——氮氧化物、硫化物颗粒和水蒸气。这些废物直接进入平流层，参加平流层内复杂的光化学反应，导致臭氧产量的下降。特别是一氧化氮，对于臭氧的生成有着严重的影响。它使得大量紫外线无法用于臭氧的生成，久而久之，臭氧层就要变薄。其破坏性是显而易见的。但是，这种破坏性很难精确地测量，关于它们各自对臭氧层影响的大小也很难给出准确的数据。

可是，到了20世纪70年代，当"协和"成为北大西洋航线的主要交通工具时，迈克唐纳根据试验研究结果，估计"协和500"和"图－144"在飞行中排放的废气使平流层中臭氧的产量下降4%，"波音707"排放的废气使平流层的臭氧产量减少15%。同时，他还指出，臭氧层中的臭氧量每减少1%，美国每年就要增加皮肤癌患者5000～10000人。

人们正是从他的报告里看到了"皮肤癌"与"协和"飞机之间的联系。他还指出，"波音"与"协和"、"图—144"之间对于臭氧层的破坏性差异如此之大是由于它们的飞行高度、耗油量不同所造成的。"协和500"和"图－144"飞行高度为17千米左右，而"波音707"比前两者要飞得高，多达20千米以上。前两者的耗油量只有后者的1/3左右。在距地面20千米的高空，氮氧化物对于臭氧生成的影响是在距地面17千米高空的2倍。

在美国国会的听证会上，迈克唐纳的报告简直是一场环境保护运动的动员令，使得人们对于超音速飞机有了新的认识。从此，飞机对于臭氧层以及更大范围的环境污染成为一个重要的科学课题，争论延续至今。

突破性的工作是由加州大学的江斯登做的。他调查了低空光化学烟雾，分析了臭氧层中的氮氧化物，得出的结论是：500架"协和"飞机两年的飞行使平流层中的臭氧至少减少10%。他把这个结果附函寄给美国商业部，指出：大量超音速飞机是否导致环境向不利于人类健康方向发展，有待进一步研究。1971年，他发表在《科学》杂志上的研究报告确认：破坏臭氧层的化学成分是氮化物。

1974年以后的3年间，美国交通部组织实施了"超音速飞机环境影响评估项目"，全世界10多个国家的1000名科学家参加，耗资2100万美元。这个项目最后得出的结论是：500架"波音707"每天在平流层中飞行7～8小时，每使用1千克的燃料排放14克的氮氧化物，使北半球平流层中的臭氧减少15%；尽管它很少飞到南半球，那里的臭氧也会受到影响，平流层中的臭氧也会减少8%。

超音速飞机是否破坏了臭氧层的争吵正在进行时，航天飞机升空了，这又引发了一场争论，氯化物是否与臭氧洞的形成密切相关。

当时，美国宇航局认为，航天飞机排放的废气与臭氧层空洞没有直接的联系。航天飞机排泄的废气之一氯化氢广泛扩散到平流层中。如果飞行一周，它每年排放在平流层中的氯化物大约有5000吨。

芝加哥大学的科学家认为，美国航宇局的认识有问题，航天飞机对臭氧层的影响报告有缺陷。1977年，美国科学院发表看法，认为每年航天飞机飞行60次会导致北半球平流层中的臭氧减少0.2%。

三、氮肥和化石燃料对臭氧层的影响

与飞机排放一氧化氮一样，农业上氮肥的施用和工业上化石燃料的燃烧，也会排放大量的氮氧化物进入空气，且与飞机产生的氮氧化物数量相比，显然占有更大的比例。有所不同的是，飞机的飞行高度决定了其排放的氮氧化物会更直接地对臭氧层构成破坏，而地面上氮氧化物的排放，到达臭氧层所在的高度需要一个过程，且其对空气造成的污染和影响主要体现在其他方面。

土壤中的氮素大多不能满足作物对氮素养分的需求，这就要靠施肥来予以补充和调节。除化学氮肥外，有机肥、豆科绿肥、藻类、绿萍以及降雨和灌溉水都能增加土壤的氮素。氮肥施入土壤后有三个去向，一部分氮素被当季作物吸收利用，一部分残留于土壤中，另一部分则离开土壤—作物系统而损失。氮肥损失主要通过淋溶、径流和气态氮逸出三种途径。气态氮损失包括氨挥发和反硝化作用。反硝化作用的主要产物是氮气和一氧化氮气体。

氮肥施用后，如果被作物利用比例不高，就会有大量氮素发生流失，且大多数会以气态的形式排放到空气中。这一方面增加了农业的成本，另一方面造成了对环境的污染，流失产生的一氧化氮就会对臭氧层造成破坏作用。

直到 1970 年前后，科学家才认识到，农业生产中大量施用氮肥，以及固氮植物的大面积种植，向大气排放了大量的氮氧化物。这些氮氧化物进入平流层，进而影响臭氧的生成量。有科学家预测，21 世纪的前 25 年间，平流层中臭氧还将减少，其中 20% 是由于农业施用氮肥造成的。

化石燃料是指煤炭、石油、天然气等这些埋藏在地下不能再生的燃料资源。化石燃料按埋藏的数量顺序可分为煤炭、油页岩、石油、天然气和油砂等。人类开发利用化石燃料能源对大气圈、水圈、生物圈产生了各种影响，已危及自身生存环境，造成了严重的环境污染，成为环境污染的主要根源。

化石燃料燃烧会产生一氧化氮等氮氧化物，这是造成臭氧层破坏的原因之一。研究结果表明，目前大气中的氮氧化物的浓度每年正以 0.2%～0.3% 的速度增长，造成增长的原因是多方面的，但化石燃料的燃烧是其最主要的构成部分。化石燃料的使用量变多，必然会导致臭氧层破坏问题更加严重。

四、核爆炸对臭氧层的影响

目前，科学家已经认识到，核爆炸也是破坏臭氧层的主要因素之一。在任何情况下，空气只要被加热达到 2000 多°C 时，就会产生大量的一氧化氮。核爆炸产生的强大冲击波将把这些一氧化氮等氮氧化物送入平流层。核爆炸形成的橘色蘑菇云就是由氮氧化物变成二氧化氮的结果。

核爆炸会破坏臭氧层

大的核爆炸相当于 50 万吨的 TNT 炸药，高空核爆炸会把大量氮氧化物推入平流层。在 1961 ~ 1962 年的核试验高峰时期，34000 万吨当量的核爆炸把 130 万 ~ 170 万吨氮氧化物注入平流层，这相当于 600 ~ 1000 架"协和"飞机的满载飞行所排放的氮氧化物量。研究

发现，1961～1962年间的核爆炸使平流层中的臭氧减少了2%～4.5%。

有人估计，如果进行100亿吨当量的核爆炸，北半球上空平流层中的臭氧量将减少30%～70%，南半球的将减少40%。

链接：臭氧层是怎样被破坏的？

美国科学家莫里纳和罗兰德提出，人工合成的一些含氯和含溴的物质是造成南极臭氧洞的"元凶"，最典型的是含氯化合物和含溴化合物哈龙。越来越多的科学证据证实，氯和溴在平流层通过催化化学过程破坏臭氧是造成南极臭氧洞的根本原因。那么，氟利昂和哈龙是怎样进入平流层，又是如何引起臭氧层破坏的呢？

就重量而言，人为释放的氟利昂和哈龙的分子都比空气分子重，但这些化合物在对流层是化学惰性的，即使最活泼的大气组分——自由基对氟利昂和哈龙的氧化作用也微乎其微。因此它们在对流层十分稳定，不能通过一般的大气化学反应去除。经过一两年的时间，这些化合物会在全球范围内的对流层分布均匀，然后主要在热带地区上空被大气环流带入到平流层，风又将它们从低纬度地区向高纬度地区输送，在平流层内均匀混合。

在平流层内，强烈的紫外线照射使氟利昂和哈龙分子发生解离，释放出高活性的原子态的氯和溴，氯和溴原子也是自由基。氯原子自由基和溴原子自由基就是破坏臭氧层的主要物质，它们对臭氧的破坏是以催化的方式进行的。据估算，一个氯原子自由基可以破坏10^4～10^5个臭氧分子，而由哈龙释放的溴原子自由基对臭氧的破坏能力是氯原子的30～60倍。而且，氯原子自由基和溴原子自由基之间还存在协同作用，即二者同时存在时，破坏臭氧的能力要大于二者简单的加和。

但是，上述的均相化学反应并不能解释南极臭氧洞形成的全部过程。深入的科学研究发现，臭氧洞的形成是有空气动力学过程参与的非均相催化反应过程。所谓非均相，是指大气中除气态组分外，还有固相和液相的组分。人们对大气中存在云、雾和降雨等早已司空见惯，但这种现象一般发生在对流层。平流层干燥寒冷，空气稀薄，较少出现对流层这些天气现象。但在冬天，南极地区的温度极低，可以达到 $-80℃$，这样极端的低温造成两种非常重要的过程，一是极地的空气受冷下沉，形成一个强烈的西向环流，称为"极地涡旋"。该涡旋的重要作用是使南极空气与大气的其余部分隔离，从而使涡旋内部的大气成为一个巨大的反应器。另外，尽管南极空气十分干燥，极低的温度使该地区仍有成云过程，云滴的主要成分是三水合硝酸和冰晶，称为极地平流层云。

实际上，当氟利昂和哈龙进入平流层后，通常是以化学惰性的形态而存在，并无原子态的活性氯和溴的释放。南极的科学考察和实验室的研究都证明，化学惰性的气体在平流层云表面会发生化学反应，结果造成氯气和次氯酸组分的不断积累。

氯气和次氯酸是在紫外线照射下极易光解的分子，但在冬天南极的紫外光极少，氯气和次氯酸的光解机会很小。当春天来临时，阳光返回南极地区，太阳辐射中的紫外线使氯气和次氯酸开始发生大量的光解，产生前述的均相催化过程所需的大量的原子氯，从而造成严重的臭氧损耗。氯原子的催化过程可以解释所观测到的南极

臭氧破坏的约70%，另外，氯原子和溴原子的协同机制可以解释大约20%。随后更多的太阳光到达南极，南极地区的温度上升，气象条件发生变化，结果是南极涡旋逐渐消失，南极地区臭氧浓度极低的空气传输到地球的其他高纬度和中纬度地区，造成全球范围的臭氧浓度下降。

北极也发生与南极同样的空气动力学和化学过程。研究发现，北极地区在每年的1~2月生成北极涡旋，并发现有北极平流层云的存在。在涡旋内氯基占氯总量的85%以上，同时测到与南极涡旋内浓度相当的溴基的浓度。但由于北极不存在类似南极的冰川，加上气象条件的差异，北极涡旋的温度远较南极高，而且北极平流层云的量也比南极少得多，因此目前北极的臭氧层破坏还没有达到出现又一个臭氧洞的程度。

因此，南极臭氧洞的形成是包含大气化学、气象学变化的非均相的复杂过程，但其产生根源是地球表面人为活动产生的氟利昂和哈龙。令人忧虑的是，氟利昂和哈龙具有很长的大气寿命，一旦进入大气就很难去除，这意味着它们对臭氧层的破坏会持续一个漫长的过程，人类活动对臭氧层的影响也是一个长期的过程。

第四节 臭氧层破坏的危害

臭氧层中的臭氧能吸收阳光中的紫外线辐射，因此臭氧层空洞可使阳光中紫外辐射到地球表面的量大大增加，从而产生一系列严

重的危害。臭氧层破坏的后果是很严重的。

研究表明，臭氧层被破坏后，紫外线会通过大气层长驱直入。强烈的紫外线照射会抑制人的免疫力，会降低人类对一些疾病包括癌症、过敏症和一些传染病的抵抗力，会使白内障和皮肤癌患者增加。如果臭氧层的总量减少1%的话，有害紫外线就将增加2%，其结果是使皮肤癌发病率提高2%～4%，白内障的患者将增加0.3%～0.6%。

对农作物的研究表明，过量的紫外线辐射会使植物的生长和光合作用受到抑制，使农作物减产。紫外线辐射也使处于食物链底层的浮游生物的生产力下降，从而损害整个水生生态系统。有报告指出，由于臭氧层空洞的出现，南极海域的藻类生长已受到了很大影响。紫外线辐射也可能导致某些生物物种的突变。有人甚至认为，当臭氧层中的臭氧量减少到正常量的1/5时，将是地球生物死亡的临界点。

另外，有害紫外线还会引起建筑物、绘画等的老化，缩短其使用寿命；过量的紫外线能使塑料等高分子材料更加容易老化和分解；紫外线辐射的增强，反而会使近地面对流层中的臭氧浓度增加，尤其是在人口和机动车量最密集的城市中心，发生光化学烟雾污染的几率大大增加。

全球每天有约150万人因暴露于过量紫外线辐射而患各种疾病，占全球患病总人数的0.1%，2000年全球共有6万人因此而过早死亡。这些疾病与紫外线辐射过强或照射不足有关。

一、紫外线对人体皮肤的伤害

紫外线对人体皮肤的影响最为明显。皮肤对紫外线的吸收与其波长有关。波长越短，透入皮肤的深度越小，照射后黑色素沉着较弱；波长越长，透入皮肤的深度越大，照射后黑色素沉着较强。由于受光化学反应的作用，能级较高的光子流能引起细胞内的核蛋白和一些酶的变性。

经科学研究发现，大气中的臭氧每减少1%，照射到地面的紫外线就增加2%，人类的皮肤癌发病率提高2%～4%。现在居住在距南极洲较近的智利南端海伦娜岬角的居民已尝到苦头，只要走出家门，就要在衣服遮不住的肤面涂上防晒油，戴上太阳眼镜，否则半小时后，皮肤就晒成鲜艳的粉红色，并伴有痒痛。

皮肤被紫外线照射后，会发生一系列的生物效应反应，这些反应如同一把双刃剑。一方面，日光对人体是有益的，例如促进维生素 D 的合成、杀菌消毒、治疗某些皮肤病等；另一方面，它可以对人体造成伤害，如引起急性皮肤病晒斑，这在医学上又称为日光性水肿或日光性皮炎，多发生在暴晒后 6～24 小时。皮肤因过度暴露在阳光下而出现边界清楚的红斑，有灼热或刺痛感，一般 2～3 天内痊愈。若大面积受晒也可出现红肿、水疱，甚至大疱，可有明显的疼痛，一般 6～7 天可以消退，严重时甚至出现全身不适，如畏寒、发热、头痛、乏力、恶心、呕吐等。此外，暴晒后可导致皮肤晒黑、皮肤增生、增厚等现象。

对于长期暴露在日光下工作的人群，如农民、建筑工人、渔民等，可发生慢性皮肤反应，最主要的是皮肤老化。长期反复受日光照射或紫外线照射，可致皮肤结构及功能逐渐衰退。长期受到紫外线的照射，可使皮肤的色泽变黄、干燥、弹性下降，毛细血管扩张，色素沉着或角化过度，粉刺甚至皱纹，有时被轻微碰撞即可出现瘀斑。

流行病学调查及动物实验均提示：长期接受中波及长波紫外线照射的人较易发生皮肤癌，特别是中波紫外线致癌性比长波紫外线致癌性约高出 1000 倍。此外，紫外线能够加速人体皮肤的老化。在欧美等国，人们习惯于日光浴，每逢节假日都喜欢到海滩晒太阳，要把白色的皮肤晒得变红或呈红褐色才感到满足，因此这些地区皮肤癌的患病率比较高。

美国一个科学小组指出，北美洲上空平流层臭氧含量在最近 5 年内减少了约百万分之一，皮肤癌发病率则有明显的增加。据不完全统计，目前美国每年皮肤癌症患者就达 50 万人，其中恶性肿瘤病例 25000 人，死亡约 5000 人。有人估计，如果臭氧层中臭氧含量减少 10%，地球上的紫外线辐射将增加 19%～22%。皮肤癌发病率将增加 15%～25%，仅美国死于皮肤癌的人将增加 150 万人。

近年来，全世界皮肤癌患者呈上升趋势。这也许是由于人们更热衷于阳光浴、衣服越来越薄和越来越短，使越来越多的皮肤暴露在阳光下，受到过量紫外线照射的缘故。

我国皮肤癌发病情况与亚洲、非洲一些国家（如泰国、菲律宾、越南、几内亚、乌干达等）相似。有学者指出，近年来我国皮肤癌患者有增多趋势，这可能与紫外线增强有关。

二、紫外线可致白内障等眼疾

科学家对动物的研究发现，紫外线会引发眼部病变。美国环境保护署的科学家估计：如果平流层中臭氧减少5%，直接射到地面的紫外线量就增加 7.5%～15%，这样仅仅美国就会增加白内障患者500 万人。

白内障是全球最常见的眼部疾病手术，每年全球有 1600 万人因白内障致盲，其中约有 300 万人是由于紫外线照射而导致白内障盲的。老年白内障和老年黄斑变性是造成视力下降和失明的主要原因。

晶状体混浊称为白内障。老化、遗传、代谢异常、外伤、辐射、中毒和局部营养不良等可引起晶状体囊膜损伤，使其渗透性增加，丧失屏障作用，或导致晶状体代谢紊乱，使晶状体蛋白发生变性，形成混浊。

白内障分先天性和后天性。先天性白内障多在出生前后即已存在，小部分在出生后逐渐形成，多为遗传性疾病，有内生性与外生性两类，内生性者与胎儿发育障碍有关，外生性者是母体或胎儿的全身病变对晶状体造成损害所致。先天性白内障分为前极白内障、后极白内障、绕核性白内障及全白内障。前两者无需治疗，后两者需行手术治疗。白内障是眼睛失明的罪魁祸首。眼睛晶体的蛋白质破裂、缠连并堆积色素，从而晶体混浊最终导致失明。尽管由于年龄不同，白内障程度因人而异，但阳光照射，尤其是有害紫外线的辐射，却是造成白内障的主要危险因素。

世界卫生组织针对紫外线与眼部疾病关系的一份调查显示，眼睛急剧暴露于紫外线下会导致光角膜炎以及光结膜炎，还会造成翼状胬肉及在结膜生成鳞状细胞癌。

眼睛是对紫外线最为敏感的部位。研究表明，波长为 230 纳米的紫外线可全部为角膜上皮吸收，波长为 280 纳米的紫外线对角膜损伤力最大。波长为 290 ~ 400 纳米的近紫外线能对晶状体造成损伤，是老年性白内障的致病因素之一。

紫外线一年四季都存在，所以，紫外线对眼睛健康带来的危险全年都存在。据调查，我国冬天紫外线最强的地方是西藏，紫外线系数为 8。其次是昆明、海口和广州，紫外线系数都为 4 ~ 7；去过这几个城市的人们都知道那里的冬天阳光明媚，需要戴太阳镜来抵挡紫外线。北京及上海的紫外线系数为 2 ~ 4，属于中低等紫外线强度。即便是这样，人们也需要做好眼睛的防紫外线的工作。大多数人会认为这些地方，特别是北方城市的冬日阳光很温和并且常有多雾的天气，所以只需要在夏季或者阳光明媚的日子防护紫外线就可以了。但事实上，在冬季，清冽的风常带来晴空万里的景象，这时的紫外线辐射更加强烈。冬天雪地和冰面上的紫外线和夏季的海滨相同，即便是多云的天气，紫外线系数仍旧很高。所以，在冬天也应该抵挡紫外线，保护眼睛。

三、紫外线对生物的影响

臭氧层的破坏，会导致到达地球表面的紫外线变强。过量紫外线对生物最严重的影响在于，紫外线能够破坏生命的遗传物质 DNA、

RNA 和蛋白质分子结构，进而诱发大量的生物变异，导致生物圈的退化或重大变迁。其后果是难以预料的。大量紫外线照射进来，会严重损害动植物的基本结构，降低生物产量，使气候和生态环境发生变异，特别对人类健康造成重大损害。如果整个臭氧层遭到完全破坏，那么紫外线就会不受任何阻挡地到达地面，届时太阳紫外线就会杀死所有陆地生命，人类也遭到"灭顶之灾"，地球将会成为无任何生命的不毛之地。

紫外线辐射增强，将打乱生态系统中复杂的食物链，导致一些主要的生物物种灭绝。大量紫外线辐射还可能降低海洋生物的繁殖能力，扰乱昆虫的交配习惯并能毁坏植物，特别是农作物，使地球上的农作物减产2/3，导致粮食危机。

紫外线对于植物的危害也是已被证实的科学事实。对于植物，它的破坏作用是影响其生长速度、影响其正常结构的发育、影响其功能的发挥——光合作用，对于作物来说就是降低了产量。

近十几年来，人们对200多个品种的植物进行了增加紫外照射的实验，其中2/3的植物显示出敏感性。一般说来，紫外辐射增加使植物的叶片变小，因而减少俘获阳光的有效面积，对光合作用产生影响。

对某些农作物的研究表明，有害紫外线辐射增加会引起某些植物物种和化学组成发生变化，影响农作物在光合作用中捕获光能的能力，造成植物获取的营养成分减少，生长速度减慢。研究过的植物中，紫外线对其中的50%有不良影响，尤其是像豆类、瓜类、卷心菜一类的植物更是如此。西红柿、土豆、甜菜、大豆等农作物，由于有害紫外线辐射的增加，还会改变细胞内的遗传基因和再生能力，使它们的质量下降。

科学试验证实：如果给黄豆增加25％的紫外线辐射量，其产量就要减少25％。对大豆的研究初步结果表明，紫外辐射会使其更易受杂草和病虫害的损害。臭氧层厚度减少25％，可使大豆减产20％～25％，且大豆的蛋白质含量和含油量也会降低。如果拿大量被紫外线照射过的草喂牛，牛患皮肤癌和眼癌的几率就会上升。

紫外线辐射的增加对林业也有影响。通过对10个种类的针叶树幼苗进行研究，结果表明其中3个品种受有害紫外线辐射的影响而产生不良后果，其所受影响的程度也与预测方案相吻合。

植物的生理和进化过程都受到有害紫外线辐射的影响，并与有害紫外线辐射的量有关。植物也具有一些缓和和修补这些影响的机制，在一定程度上可以适应有害紫外线辐射的变化。不管怎样，植物的生长直接受有害紫外线辐射的影响，不同种类的植物，甚至同一种不同栽培品种的植物对有害紫外线的反应都是不一样的。在农业生产中，就需要种植耐受有害紫外线辐射的品种，并同时培养新品种，进而影响不同生态系统的生物多样性分布。

有害紫外线辐射带来的间接影响，例如植物形态的改变，植物各部位生物质的分配，各发育阶段的时间及二级新陈代谢等可能跟有害紫外线造成的破坏作用同样大，甚至更为严重。这些对植物的竞争平衡、食草动物、植物致病菌和生物地球化学循环等都有潜在影响。

此外，紫外线的增强还会影响海洋中的藻类的生长速度，从而

间接地影响整个水生生态系统，对水生生态系统潜在的威胁。

例如有害紫外线的过量辐射对 20 米深度以内的海洋生物造成危害，会使浮游生物、幼鱼、幼蟹、虾和贝类大量死亡，会造成某些生物减少或灭绝，由于海洋中的任何生物都是海洋食物链中重要的组成部分，因此某些种类的减少或灭绝，会引起海洋生态系统的破坏。有害紫外线辐射的增加也会损害浮游植物，由于浮游植物可吸收大量二氧化碳，其产量减少，使得大气中存留更多的二氧化碳，使温室效应加剧。

链接：多云时紫外线强更易患皮肤癌

夏季在太阳下暴晒，受到紫外线辐射，很容易罹患皮肤癌。但德国研究人员的测量结果表明，在有云彩时，地面的紫外线强度可能更强。

位于北海的叙尔特岛是德国夏季最受欢迎的海滨度假胜地之一，阳光、海水、沙滩，风景如画。德国基尔大学的尼尔斯·沙德连续两个夏天在岛上进行了定期测量，并记录日光的辐射强度。与他共同研究地面上日光照射强度与云彩关系这一课题的气象学教授安德烈亚斯·马克说："有些云彩出现时，地面上的光照强度反倒比没有云彩时更高，这出乎人们的意料。"

马克还说，他们在叙尔特岛海滨浴场测量出迄今为止在多云条件下最大的光照强度值，结果是令人惊讶的——1400 瓦/平方米相当于 14 只 100 瓦的灯泡照在 1 平方米的面积上。而在万里无云的大晴天的正午，叙尔特岛的地面光照强度最多只有 900 瓦/平方米。

科学家认为，光照强度增高与高空中一团团雪白的积云有关。

马克指出："这种云彩叫高积云，在距离地面 5000～6000 米的高空，尽管云层布满天空，却是一团一团分离的，中间有很多漏洞，阳光可直接穿过它们照到地面。另外，一团团的云彩还可像反光镜一样，把更多的光线反射到地面。"

这种现象会出现在地球上任何地方。专家认为，由于亚热带地区的夏天经常出现高积云，人们夏天过度享受日光浴，罹患皮肤癌的危险就会很大。但在热带地区，问题倒不严重。因为在热带地区的夏天，天空中主要是雷雨云，乌云密布，遮住了阳光，没有反射一说。

第五节　补注天上的空洞

破坏臭氧层的"杀手"在我们日常生活中几乎无处不在。冰箱、空调、电子产品、灭火器材、烟草、泡沫塑料、发胶、杀虫剂等产品，以及人们大量使用的氟利昂、哈龙、四氯化碳、甲基氯仿、氟氯烃和甲基溴等化学物质，都具有破坏臭氧层的作用。

根据臭氧空洞形成的原因，而采取的相应对策是减少或停止使用能与臭氧层中的臭氧反应的有关化学物质，这是目前解决臭氧层问题的最有效的方法，也是目前的唯一方法。如何具体实施这一保护措施？这是一个全球性的问题。在整体上要进行国际合作，针对消耗臭氧层的产品制定淘汰计划，并开发替代产品。

一、国际合作

1985 年，由联合国环境署发起 21 个国家的政府代表签署了《保护臭氧层维也纳公约》，其宗旨是：要保护人类健康和环境免受由臭氧层的变化所引起的不利影响。首次在全球建立了国际合作保护臭氧层的一系列原则方针。

1987 年 9 月，36 个国家和 10 个国际组织的 140 名代表和观察员在加拿大蒙特利尔集会，通过了大气臭氧层保护的重要历史性文件《关于消耗臭氧层物质的蒙特利尔议定书》。其宗旨是：采取控制消耗臭氧层物质全球排放总量的预防措施，以保护臭氧层不被破坏，并根据科学技术的发展，顾及经济和技术的可行性，最终彻底消除消耗臭氧层物质的排放。《关于消耗臭氧层物质的蒙特利尔议定书》确定了全球保护臭氧层国际合作的框架，在该议定书中，规定了保护臭氧层的受控物质种类和淘汰时间表，要求各签约国分阶段停止生产和使用氯氟烃制冷剂，发达国家要在 1996 年 1 月 1 日前停止生产和使用氯氟烃制冷剂，而其他所有国家都要在 2010 年 1 月 1 日前停止生产和使用氯氟烃制冷剂，现有设备和新设备都要改用无氟制冷剂。并制定了针对氟利昂类物质生产、消耗、进口及出口等的控制措施。

由于进一步的科学研究显示大气臭氧层损耗的状况更加严峻，1990 年通过《关于消耗臭氧层物质的蒙特利尔议定书》伦敦修正案，1992 年通过了哥本哈根修正案，其中受控物质的种类再次扩充，完全淘汰的日程也一次次提前，缔约国家和地区也在增加。到目前为止，缔约方已达 165 个之多，反映了世界各国政府对保护臭

氧层工作的重视的程度任。

在全球合作应对臭氧层破坏问题中，为了使发展中国家的缔约国能够实施控制措施，缔约国应尽力向发展中国家提供情报及培训机会，并寻求发展适当资金机制，促进以最低价格向发展中国家转让技术和替换设备。

从这里我们不仅可以看到人类日益紧迫的步伐，而且也发现，即使如此努力地弥补我们上空的"臭氧洞"，但由于臭氧层损耗物质从大气中除去十分困难，预计采用《哥本哈根修正案》，也要在2050年左右平流层氯原子浓度才能下降到临界水平以下，到那时，我们上空的"臭氧洞"可望开始恢复。臭氧层保护是近代史上一个全球合作十分典型的范例，这种合作机制将成为人类的财富，并为解决其他重大问题提供借鉴和经验。

二、淘汰消耗臭氧层物质

许多科学研究证明，工业上大量生产和使用的全氯氟烃、全溴氟烃等物质，当它们被释放并上升到平流层时，受到强烈的太阳紫外线的照射，分解出氯自由基和溴自由基，这些自由基很快地与臭氧进行连锁反应，每一个氯自由基可以摧毁10万个臭氧分子。人们把这些破坏大气臭氧层的物质称为"消耗臭氧层物质"，英文缩写为ODS。

根据《关于消耗臭氧层物质的蒙特利尔议定书》的规定，ODS包括氯氟烃、哈龙、四氯化碳等物质。其中，氯氟烃主要用于气溶胶喷雾剂，如制冷剂、发泡剂和溶剂等，以氟利昂为代表。当今世

界上，从冷冻机、冰箱、汽车到硬质薄膜、软垫家具，以及从计算机芯片到灭火器，都有氯氟烃的影子。氯氟烃的产量在世界各地极不相同，主要使用量集中在美国及西方工业化国家。氟利昂是杜邦公司 20 世纪 30 年代开发的一个引以为骄傲的产品，被广泛用于制冷剂、溶剂、塑料发泡剂、气溶胶喷雾剂及电子清洗剂等。哈龙在消防行业发挥着重要作用，灭火剂中普遍使用哈龙。

既然消耗臭氧层的物质均为人造化学品，那么完全禁止生产和应用这些物质是可能的，但是，由于消耗臭氧层物质在工农业生产上的重要地位，立即禁止生产和使用是有难度的，因此，国际上采用的办法是逐步禁止生产和使用这些破坏臭氧层的物质。淘汰消耗臭氧层物质，是当前世界各国在防治臭氧层破坏上的共同行动，主要采取以下三方面的措施：

第一，通过环境管制措施，逐步禁用、限用消耗臭氧层物质，对违反规定的企业实施严厉处罚；通过经济政策手段，一方面对生产和销售使用消耗臭氧层物质的产品征收较高的税费，另一方面资助替代物质和技术开发等。欧盟国家和一些经济转轨国家广泛采用了前者；美国则主要采用后者。

第二，建立多边基金，帮助发展中国家对消耗臭氧层物质的淘汰。考虑到发展中国家的特殊要求，在《蒙特利尔议定书》伦敦修正案中加入了建立多边基金这一条款。多边基金每三年进行增资，由多边基金执委会决定各国项目资助额。

第三，开发和使用消耗臭氧层物质的替代品。由于破坏臭氧层的物质在工农业生产中占有相当重要的地位，限用和禁用上述物质就必须研究开发相应的替代物。因为破坏臭氧层的物质主要为氟利昂，所以，寻找氟利昂的替代物是研究的重点。现在比较常用的有氢氟烃、氢氯氟烃、氟碘烃等其他替代物。

氢氟烃中不含氯，不破坏臭氧层，在大气中的降解产物毒性较低，是较理想的替代物；氢氯氟烃的臭氧层破坏系数低，亦可作为氟利昂的过渡替代物，可用作聚氨酯和绝缘材料的发泡剂；氟碘烃被紫外线照射后的分裂产物不会滞留在大气层，是很有发展前途的氟利昂替代物。另外，氟代乙醇、氟代醚、二甲醚、氨、饱和烃作为氟利昂的替代物均有研究和应用。氨、空气、水、二氧化碳及氮等许多天然物质在低温和制冷行业早有应用，应该也是比较理想的替代物。

三、我国的措施

我国非常关心保护大气臭氧层这一全球性的重大环境问题，自1989 年 9 月正式加入《保护臭氧层维也纳公约》后，我国在保护臭氧层这一方面也下了不少工夫。首先是积极履行公约的有关协定，控制 ODS 的产量；其次是在 1992 年加入《蒙特利尔议定书》，并为该议定书中的多边资金的建立作出不可磨灭的贡献。

为加强对保护臭氧层工作的领导，我国成立了由环境保护部（原国家环保总局）等部委组成的国家保护臭氧层领导小组。在领导小组的组织协调下，编制了《中国消耗臭氧层物质逐步淘汰国家方案》，并于 1993 年得到国务院的批准，成为我国开展保护臭氧层工作的指导性文件。在此基础上又制定了化工、家用制冷等 8 个行业的淘汰战略，进一步明确了各行业淘汰消耗臭氧层物质的原则、政

策、计划和优先项目，具有较强的可操作性。

为配合履行保护臭氧层的国际公约，我国出台了一些法规和措施，对消耗臭氧层物质的生产和使用予以控制，对替代品和替代技术的生产和应用予以引导和鼓励，如生产配额、环境标志、税收价格调节、进出口控制、投资控制等政策。

此外，我国还开展了保护臭氧层的宣传、国际合作和科研等方面的活动，提高了广大人民群众保护臭氧层的意识，并积极参与到这项保护地球环境的行动中。经过这些努力，我国保护臭氧层工作取得了明显的进展。许多企业或利用多边基金，或利用自有资金进行了生产线的转换。

我国已于 1999 年 7 月 1 日冻结了氟利昂的生产。2007 年 7 月 1 日前，除原料和必要用途之外，我国已淘汰其他所有氟利昂和哈龙的生产和使用，并在 2007 年 9 月 1 日以后禁止销售含这些物质的家用电器产品。因此目前市场上的冰箱、冰柜等都已不含"氟"。发胶、摩丝、杀虫剂等原本含有氟利昂的产品现也大多采用它的替代品。

我国已经确定了严格的臭氧层消耗产品的生产和销售时间表，以上海为例，根据《上海市加速淘汰消耗臭氧层物质工作实施方案（2008～2010 年）》，2010 年 1 月 1 日前，上海市将淘汰四氯化碳和甲基氯仿的生产和使用；在 2015 年 1 月前，淘汰甲基溴的生产和使用；在 2030 年前淘汰含氢氯氟烃的生产和使用。

链接：保护臭氧层的国际合作历程

臭氧层破坏是当前面临的全球性环境问题之一，自 20 世纪 70

年代以来就开始受到世界各国的关注。联合国环境规划署自 1976 年起陆续召开了各种国际会议，通过了一系列保护臭氧层的决议。尤其在 1985 年发现了在南极周围臭氧层明显变薄，即所谓的"南极臭氧洞"问题之后，国际上保护臭氧层的呼声更加高涨。

1976 年 4 月，联合国环境署理事会决定召开一次"评价整个臭氧层"的国际会议，之后于 1977 年 3 月在美国华盛顿召开了有 32 个国家参加的"专家会议"。会议通过了第一个"关于臭氧层行动的世界计划"。这个计划包括监测臭氧和太阳辐射、评价臭氧耗损对人类健康的影响、对生态系统和气候的影响，以及发展用于评价控制措施的费用及益处的方法等，并要求联合国环境署建立一个臭氧层问题协调委员会。这个计划提出了对受控物质生产和使用的控制。

1980 年，协调委员会提出了臭氧耗损严重威胁着人类和地球生态系统这一评价结论。

1981 年，联合国环境署理事会建立了一个工作小组，其任务是筹备保护臭氧层的全球性公约。

经过 4 年的艰苦工作，1985 年 3 月在奥地利首都维也纳通过了有关保护臭氧层的国际公约——《保护臭氧层维也纳公约》，该公约从 1988 年 9 月起生效。这个公约只规定了交换有关臭氧层信息和数据的条款，但对控制消耗臭氧层物质的条款却没有约束力。这一公约的宗旨和原则是正确的，促进了各国就保护臭氧层这一问题的合作研究和情报交流。

在《保护臭氧层维也纳公约》的基础上，为了进一步对氯氟烃类物质进行控制，在审查世界各国氯氟烃类物质生产、使用、贸易的统计情况的基础上，通过多次国际会议协商和讨论，于 1987 年 9 月 16 日在加拿大的蒙特利尔会议上，通过了《关于消耗臭氧层物质的蒙特利尔议定书》，并于 1989 年 1 月 1 日起生效。

《蒙特利尔议定书》规定，参与条约的每个成员组织（国家或国家集团）将冻结并依照缩减时间表来减少 5 种氟利昂的生产和消耗；冻结并减少 3 种溴代物的生产的消耗；5 组氟利昂的大部分消耗量，将从 1989 年 7 月 1 日起，冻结在 1986 年使用量的水平上；从 1993 年 7 月 1 日起，其消耗量不得超过 1986 年使用量的 80%；从 1998 年 7 月 1 日起，减少到 1986 年使用量的 50%。

《蒙特利尔议定书》实施后的调查表明，根据议定书规定的控制进程并不理想。

1989 年 3 ~ 5 月，联合国环境署连续召开了保护臭氧层伦敦会议与"公约"和"议定书"缔约国第一次会议——赫尔辛基会议，进一步强调保护臭氧层的紧迫性，并于 1989 年 5 月 2 日通过了《保护臭氧层赫尔辛基宣言》，鼓励所有尚未参加《保护臭氧层维也纳公约》及《关于消耗臭氧层物质的蒙特利尔议定书》的国家尽早参加；同意在适当考虑发展中国家的特殊情况下，尽可能地但不迟于 2000 年取消受控氯氟烃类物质的生产和使用；尽可能早地控制和削减其他消耗臭氧的物质；加速替代产品和技术的研究与开发；促进发展中国家获得有关科学情报、研究成果和培训，并寻求发展适当资金机制促进以最低价格向发展中国家转让技术和替换设备。

1990 年 6 月 20 ~ 29 日，联合国环境规划署在伦敦召开了关于控制消耗臭氧层物质的《蒙特利尔议定书》缔约国第二次会议。57 个

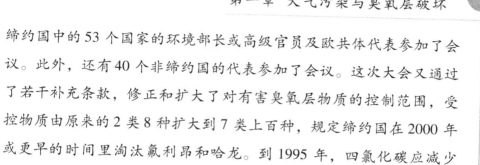

缔约国中的 53 个国家的环境部长或高级官员及欧共体代表参加了会议。此外，还有 40 个非缔约国的代表参加了会议。这次大会又通过了若干补充条款，修正和扩大了对有害臭氧层物质的控制范围，受控物质由原来的 2 类 8 种扩大到 7 类上百种，规定缔约国在 2000 年或更早的时间里淘汰氟利昂和哈龙。到 1995 年，四氯化碳应减少 85%；到 2000 年应全部淘汰。到 2000 年，三氯乙烷应减少 70%；2005 年以前全部淘汰。

1995 年 1 月 23 日，联合国大会通过决议，确定从 1995 年开始，每年的 9 月 16 日为"国际保护臭氧层日"。联合国大会确立"国际保护臭氧层日"的目的是纪念 1987 年 9 月 16 日签署的《关于消耗臭氧层物质的蒙特利尔议定书》，要求所有缔约的国家根据《议定书》及其修正案的目标，采取具体行动纪念这一特殊日子。

第二章　全球气候变暖

　　大气污染造成的影响远远不止前面提到的那些，尤其是在当今世界面临全球气候变暖的问题时，有的人就提出阳光减少（这是我们前面提到的大气污染的一个坏的影响）可能是一件好事，这对减缓全球气候升温大有裨益。由此论断，可以看出全球气候变暖问题的严重性。

　　气候的变化是一个典型的全球环境问题，它直接涉及经济发展方式及能源利用的结构与数量，是一个深刻影响全球发展的重大国际问题。科学家最早是在 20 世纪 70 年代把气候变暖作为一个问题提了出来，到 20 世纪 80 年代，随着对人类活动和全球气候关系认识的深化，随着几百年来最热天气的出现，这一问题开始成为国际政治和外交的议题。1992 年，在巴西里约热内卢举行的联合国环境与发展大会上，150 多个国家制定并开放签署了《气候变化框架公约》，人们开始走上了关注并改善气候变暖问题的道路。

第一节　温室效应与全球变暖

　　温室效应又称"花房效应"，是大气保温效应的俗称，是指透射阳光的密闭空间由于与外界缺乏热交换而形成的保温效应，就是太阳短波辐射可以透过大气射入地面，而地面增暖后放出的长波辐射却被大气中的二氧化碳等物质所吸收，从而产生大气变暖的效应。温室效应是由温室气体的过多排放引起的。

一、温室气体

温室气体包括水汽、二氧化碳、臭氧、甲烷等，水汽所产生的温室效应占整体温室效应的 60% ~ 70%，其次是二氧化碳大约占 26%，其他还有臭氧、甲烷、一氧化氮、氟氯碳化物、全氟碳化物、氢氟碳化物，含氯氟烃及六氟化硫等。近年来引人关注的全球气温快速上升，主要是由于人为作用，使得大气中温室气体的浓度急剧上升导致的。

在人类的活动中，二氧化碳的过多排放是产生温室效应的重要原因。空气中含有二氧化碳，而且在过去很长一段时期中，含量基本上保持恒定。这是由于大气中的二氧化碳始终处于"边增长、边消耗"的动态平衡状态。大气中的二氧化碳有 80% 来自人和动、植物的呼吸，20% 来自燃料的燃烧。散布在大气中的二氧化碳有 75% 被海洋、湖泊、河流等地面的水及空中降水吸收溶解于水中。还有 5% 的二氧化碳通过植物光合作用，转化为有机物质储藏起来。这就是多年来二氧化碳占空气成分 0.03% 始终保持不变的原因。

大气能使太阳短波辐射到达地面，但地表向外放出的长波热辐射线却被大气吸收，这样就使地表与低层大气温度增高。如果大气没有这种功能，那么地表平均温度就会下降到 -23℃，而实际地表平均温度为 15℃，这就是说温室效应使地表温度提高了 38℃。然

而，进入现代社会以后，尤其是近几十年来，由于人口急剧增加，工业迅猛发展，呼吸产生的二氧化碳及煤炭、石油、天然气燃烧产生的二氧化碳，远远超过了过去的水平。而另一方面，由于对森林乱砍滥伐，大量农田建成城市和工厂，破坏了植被，减少了将二氧化碳转化为有机物的条件。再加上地表水域逐渐缩小，降水量大大降低，减少了吸收溶解二氧化碳的条件，破坏了二氧化碳生成与转化的动态平衡，就使大气中的二氧化碳含量逐年增加。二氧化碳在空气中的浓度日增，温室效应不断得到加强，全球温度也逐年持续升高。

自工业革命以来，人类向大气中排入的二氧化碳等吸热性强的温室气体逐年增加，大气的温室效应也随之增强，已引起全球气候变暖等一系列严重问题。据分析，在过去两百年间，二氧化碳浓度增加了25%，地球平均气温上升了0.5℃。估计到21世纪中叶，地球表面平均温度将上升1.5℃~4.5℃，而在中高纬度地区温度将上升更多。

二氧化碳是数量最多的温室气体。除二氧化碳以外，对产生温室效应有重要作用的气体还有甲烷、臭氧、氯氟烃以及水汽等。

另外，由于现代工业中不断地排放出更多的灰尘、煤烟和各种气体，这些排放物彼此结合并与蒸汽凝滴结合，使空气变浑，也增加了地球的云层覆盖。凝集起来的这些颗粒停留在越高的空中，就越能持久。它们在低空中几周内就消失，在高空中则能存在1~3年。事实表明，在北半球繁忙的航空线沿途，卷云已愈来愈多；地球上的云层覆盖，总的来说也有一些加厚的迹象。这种加厚的云层覆盖，如果它们有效地减少太阳辐射的穿过，则会降低地球的温度；但是，它们也可能将地球本身放射的热反射回来，这样就加强了温室效应。

比如，1963年阿贡火山的爆发，就使得同温层下层充满了反射日光的微粒，日落时的天空因而染上了彩色。这种现象延续了好几年，并在爆发后的6个月内产生世界性的影响。赤道上空的同温层区在火山爆发以后，温度立刻增高6℃～7℃，并在若干年中仍然高出2℃～3℃。可见微粒和气体悬浮在同温层里，会发生世界范围的影响，会使气温增高。

二、共同享有的空气和气候

人类只有一个地球，人类共同享有地球上的一切，包括空气和气候。亿万年来，由于精密的平衡，使地球上的热量的总水平保持得相当稳定。太阳射至地球的热量，加上地球本身放出的又被吸收回来的热量，恰好约等于太阳辐射至云层而又被反射的热量加上地球表面放射到空间的热量。人类进入工业化时代以来的各种活动，正在使大气层受到破坏。人们的这种行为，显然破坏了地球对太阳光的吸收和反射的平衡。

地球上不同地区的冷暖程度显然各不相同，经过风吹、气流以及海洋的调节作用，冷暖之间互相影响，形成全球性的相互依赖的世界气候。在热带吸收的热量，多于发生高度反射的两极地区。赤道发出的热量向两极流动，其结果就使两极的冷空气流回到赤道地带。总的效果是调节温度，不至极冷，也不至极热。但是，这个相当简单的运动，由于有下列诸因素而变得非常复杂：地球的自转作用，有些地区大片陆地连在一起，有些地区却是汪洋大海，还有高耸的山脉、多雨的丛林和干旱的沙漠等。由于有这么多的变异因素，因此不同地区所显示出来的各式各样的气候，是不足为奇的。整个地球的气候经常发生很大的变化，同样也是不足为奇的。

在地球稳定存在的90%的时期内，地球的两极好像并没有结冰。地质研究表明，地球经过5～6次的冰河期，现在大概处于最近一次冰河期的后期——更新世冰河期。这次冰河期延续了100万年以上，并且曾把冰河延伸至地中海。现在冰河已退去，但尚未完全回复正常，也就是说还留有冰帽。然而冰帽对地球气候的直接影响还很大。如果真正回复"正常"，可能要形成灾难性的不同于现在的地貌，大片土地将被水淹没，有些地区则将热得无法住人。

人类过去对于这些巨大的气候变化是无能为力的。即使到将来，由于所牵涉的能量规模是如此的巨大，估计也无法影响气候的大变动。但是我们在这里要想到地球发展的另一侧面，这就是我们赖以生存的自然界平衡的脆弱性。就气候来说，太阳的辐射，地球的放热，海洋的普遍影响以及冰层的冲击，都是毫无疑问的极其巨大的，而且是超越于任何人为的直接影响之上的。但是，射进来的和反射出去的辐射平衡，保持地球平均温度的各种力量的相互作用，显得如此稳定，如此精细，以致能量平衡仅有微小的变动，就能扰乱整个体系。只要在支点上有最小一点点的移动，就能使跷跷板失去平衡。人类的多种活动同地球能量系统的总规模比起来，虽然微乎其微，然而却可以像稍稍移动跷跷板的支点那样而使之失去平衡，造成致命的危害。

当温室气体排放过多，从而导致温室效应和全球变暖，人类也只能是"共享"这一成果。

三、全球变暖的后果

温室效应导致全球变暖是人类面临的一个重要而又棘手的热点问题，是在 21 世纪人类面临的巨大挑战。它直接关系到人类的生存和发展。

2007 年 4 月，联合国政府间气候变化专门委员会（IPCC）发布了一份关于全球变暖的详细报告，针对全球变暖的破坏性做出了有史以来最严重的结论：将有超过 60 个国家因为缺乏土地、食物和水资源而面临战争危机；本世纪中期将有 2 亿多人口成为环境难民；1/3 的陆地将面临极度干旱的情况；全球 1/3 的野生物种濒临灭绝。

该报告是由全球 2500 名顶级科学家耗时 6 年撰写而成的，报告所提供的结论会被很多人认为耸人听闻，但它却不是杜撰和臆测。

全球变暖，会使得北半球冬季缩短，并且更冷更湿，而夏季则变长且更干更热，亚热带地区将更干燥，而热带地区则更湿；由于气温增高，水汽蒸发加速，全球雨量每年将减少，全球各地区降水形态将会改变；改变植物、农作物的分布及生长力，可能加快农作生长速度，造成土壤贫瘠，作物生长终将受限制，还会间接破坏生态环境，改变生态平衡；海洋变暖、海平面将在 2100 年上升 15 ~ 95 厘米，导致低洼地区海水倒灌，全世界 1/3 居住于海岸边缘的人口将遭受威胁；改变地区资源分布，导致粮食、水源、渔获量等的供应不平衡，最终引发国际的经济、社会问题；如果无法有效控制温室效应，人类将面临由气候变暖引起的其他一系列问题。

当海平面上升后，澳大利亚的大堡礁将不复存在，全球很多濒海的低海拔城市将慢慢沉没水底，飓风、海啸、地震、干旱和死亡将会更多光顾我们生活的世界。冰川会融解，不幸的是它并不能解决干旱，反而会给非干旱地区带来洪水。

很多人将会死于营养失调和高温，庄稼会歉收，饥荒会和传染病一同肆虐，很多人会为争夺水源而拿起枪向自己的同类和同胞开火。死去的人会带着绝望，活着的人将在更深的恐惧和绝望中走向死亡。其中，首当其冲的就是亚洲。

尽管如此，很多人依旧没有意识到全球变暖所带来的后果。当人们因为冬天变得短暂和春天来得快捷而沾沾自喜的时候，他们并不知道，等待他们的不是温暖，是灾难。人类和世界的共同命运所面临的考验，并不是空谈，也并不遥远。看看身边，就在眼前。

全球气候变暖，已经或将会给人类及生态环境造成巨大的影响。生物多样性减少、某些物种的生物泛滥成灾，冰川融化、海平面上升，气候反常、海洋风暴增多，人类健康和生存受到威胁，这些情况的发生都与全球变暖有着千丝万缕的联系。我们将在后面的部分进行进一步的介绍。

链接：对温室效应的研究

自 1975 年以来，地球表面的平均温度已经上升了 0.5℃，由温室效应导致的全球变暖已成了引起世人关注的焦点问题。学术界一直被公认的学说认为燃烧煤、石油、天然气等产生的二氧化碳是导致全球变暖的罪魁祸首。然而经过几十年的观察研究，来自美国的詹姆斯·汉森博士提出新观点，认为温室气体主要不是二氧化碳，而是碳粒粉尘等物质。

碳粒粉尘是一种固体颗粒状物质，主要是由于燃烧煤和柴油等高碳量的燃料时碳利用率太低而造成的，它不仅浪费资源，更引起了环境的污染。众多的碳粒聚集在对流层中导致了云的堆积，而云的堆积便是温室效应的开始，因为40%～90%的地面热量来自由云层所产生的大气逆辐射，云层越厚，热量越是不能向外扩散，地球也就越来越热了。

汉森博士对于各种温室气体的含量变化都做了整理记录，发现在1950～1970年间，二氧化碳的含量增长了近2倍，而从20世纪70年代到20世纪90年代后期，二氧化碳含量则有所减少。用目前流行的理论很难解释仍在恶化的全球变暖的现象。

汉森博士认为，除了碳粒粉尘以外，还有一些气体物质能导致温室效应，如对流层中的臭氧（正常的臭氧应集中在平流层中）、甲烷，还有剧毒无比的氯氟烃。但这些污染源的治理就相对困难些了。可喜的是，近几十年来非二氧化碳的温室气体含量已经有了一定的下降，如若甲烷和对流层中的臭氧含量也能逐年下降趋势，那么再过50年，地球表面平均温度的变化将近乎零。

碳粒粉尘并不是不可避免的东西，随着内燃机品质的不断提高，甚或不使用内燃机的交通工具的问世，不能烧尽而剩余的碳粒是可以减少的。汉森博士的学说如果成立，则给地球降温就有了希望。

工业革命前大气中二氧化碳含量是2.8/10000，如按目前增长的速度，到2100年二氧化碳含量将增加到5.5/10000，即几乎增加1

倍。全世界的许多气象学家都在努力研究，二氧化碳含量增加 1 倍以后，到 2100 年全球的平均气温会增高多少？

目前采用的具体办法是，根据大气运动规律和物理状态变化规律，设计成数值模式进行计算。不过，由于人们对大气运动变化规律认识得还不够完善，采取的简化计算办法不同，各个模式的计算结果常相差很大。为此，20 世纪 80 年代美国科学院组织了评估委员会，对这些模式的结果进行研究和综合评估，最终得出二氧化碳倍增后全球平均气温将上升 3℃ ±1.5℃，即 1.5℃ ~4.5℃。这就是对本问题最有权威的组织——IPCC 第一次报告中采用的数字。

近年来，气候模式的模拟能力有了重大改进，这主要是考虑了大气中气溶胶（空气中悬浮的微小颗粒）的作用。因为在燃烧化石燃料放出二氧化碳的同时也释放出了巨量的硫化物等气溶胶。这种气溶胶会遮挡部分阳光到达地面，因此使地面气温降低，起到冷却作用。其数值据 IPCC 估计可达 -0.5 瓦/平方米。即相当于二氧化碳增温效应（1.56 瓦/平方米）的 1/3，比甲烷的增温效应（+0.47 瓦/平方米）还略大。主要根据这个改进，IPCC 在 1996 年公布的第二个报告中，把 2100 年二氧化碳倍增后全球平均气温的升温值从 1.5℃ ~4.5℃，修改为 1.0℃ ~3.5℃。评估报告中还指出，由于海洋的巨大热惯性，到 2100 年这个增温值中只有 50% ~90% 得以实现。

然而，模式计算结果还说明，全球平均增温 1.0℃ ~3.5℃ 不均匀分布于世界各地，而是赤道和热带地区不升温或几乎不升温，升温主要集中在高纬度地区，数量可达 6℃ ~8℃ 甚至更大。这样一来便引起另一严重后果,即两极和格陵兰的冰盖会发生融化,引起海平面上升。北半球高纬度大陆的冻土带也会融化或变薄,引起大范围地区沼泽化。

还有,海洋变暖后海水体积膨胀也会引起海平面升高。IPCC 的第一次评估报告中预计海平面上升 70 ~ 140 厘米(相应升温 1.5℃ ~ 4.5℃),第二次评估报告中比第一次评估结果降低了约 25%(相应升温 1.0℃ ~ 3.5℃),最可能值为 50 厘米。IPCC 的第二次评估报告还指出,从 19 世纪末以来的百年间,由于全球平均气温上升了 0.3℃ ~ 0.6℃,因而全球海平面相应也上升了 10 ~ 25 厘米。

第二节 全球变暖对生物的影响

全球气候变暖,最直接和明显的影响是对生物多样性的冲击。全球性气候变暖并不是一个新现象,过去的 200 万年中,地球就经历了 10 个暖冷交替的循环。在暖期,两极的冰帽融化,海平面比现今要高,物种分布向极地延伸,并迁移到高海拔地区。相反,在变冷过程中,冰帽扩大,海平面下降,物种向着赤道的方向和低海拔地区移动。无疑,许多物种会在这个反复变化的过程中走向灭绝,现存物种即是这些变化过程后生存下来的产物。物种能够适应过去的变化,但它们能否适应由于人类活动而改变的未来气候呢?这是一个悬而未决的问题。但可以肯定的是,由于人为因素造成的全球变暖要比过去的自然波动要迅速得多,那么这种变化对于生物多样性的影响将是巨大的。

同时，温室气体会直接影响生物种群的变化。二氧化碳是重要的温室气体，也是植物进行光合作用的原料。随着大气中二氧化碳浓度升高，植物的光合作用强度将上升。但不同植物具有不同二氧化碳饱和点。当二氧化碳浓度超过饱和点时，即使再增高二氧化碳浓度，光合强度也不会再增强。一般二氧化碳饱和点较高的植物能够适应大气中二氧化碳浓度的升高而快速生长，二氧化碳饱和点低的植物则不能快速生长，甚至会发生二氧化碳中毒现象，从而导致种群衰退。植物种群的变化必然导致植物食性昆虫种群的变化。而植物种群和昆虫种群中不可能预测的波动可能导致许多稀有物种的灭绝。

生物多样性减少、稀有生物物种面临灭绝，这是全球变暖对生物影响的一个方面。另一方面，全球变暖导致地球气候发生重大变化，一些生物物种不断扩大生存地盘，甚至达到了泛滥成灾的地步。甚至有科学家担心，全球变暖会导致老鼠等外来物种侵入南极。

一、温带生物多样性受到影响

由于气温持续升高，北温带和南温带气候区将向两极扩展。气候的变化必然导致物种迁移。然而依据自然扩散的速度计，许多物种似乎不能以高的迁移速度跟上现今气候的迅速变化。以北美东部落叶阔叶林的物种迁移率来比较即可了然。当最近的更新世的冰期过后，气温回升，树木以 10～40 千米/世纪的速度迁移回北美。

依照 21 世纪气温将升高 1.5℃～4.5℃的估计，树木将向北迁移5000～10000 千米。显然要以自然状态下数十倍的速度进行扩散是不可能的。况且，由于人类活动造成的生态环境破坏只能使物种迁移率降低。所以，许多分布局限或扩散能力差的物种在迁移过程中无疑会走向灭绝。只有分布范围广泛、容易扩散的种类才能在新的生态环境中建立自己的群落。

二、热带雨林生物受到影响

热带雨林具有最大的物种多样性。虽然全球温度变化对热带的影响比对温带的影响要小得多。但是，气候变暖将导致热带降雨量及降雨时间的变化，此外森林大火、飓风也将会变得频繁。这些因素对物种组成、植物繁殖时间都将产生巨大影响，从而将改变热带雨林的结构组成。

长年在波多黎各雨林从事生物学研究的科学家乔格尔，一直在对蛙鸣声进行录音。然而，2002 年的一个夜晚，他发现了一些异常，平日如潮水般的蛙鸣声变得稀稀拉拉。其实，早在 1981 年，乔格尔夫妇就发现，雨林地区的青蛙和科奎鹦鸰等动物开始销声匿迹。对于这一问题，全球研究热带雨林青蛙等动物的专家也有同感，而南美和美洲中部地区热带雨林动物消亡的问题尤为突出。研究人员确认，这是全球气候变化惹的祸。

从 1970 年到 2000 年，波多黎各热带雨林最低温度的平均值上升了 1.1℃，这对那些对气候敏感的两栖动物影响巨大。高温导致更多干旱气候，热带雨林高地的异常连锁反应也使破坏性很强的菌类植物加快繁殖，进而影响到青蛙等动物的生存。在波多黎各附近的岛屿上，17 种细趾蟾科动物中的 3 种已经灭绝，另有 7～8 种的数量

已经开始下降。

此前，全球科学家一直警告说，青蛙种类的消亡和数量的下降对热带雨林的影响后果严重，这不仅剥夺了那些以青蛙为食物的部分鸟类等动物的"口粮"，而且导致原本是青蛙美食的昆虫数量大增，扰乱了生态食物链秩序，也扰乱了热带雨林世界。

三、沿海湿地和珊瑚礁生物受影响

湿地和珊瑚礁是生物多样性丰富的生态系统，然而它们也会受到气候变暖的威胁。温度升高会使高山冰川融化和南极冰层收缩。在未来的 50～100 年中，海平面将升高 0.2～0.9 米，甚至更高。海平面的升高会淹没沿海地区的湿地群落。海平面的变化如此之快，以至于许多生物种类来不及随着海水上升迁移到适当的地域。特别是建筑在湿地地区的居住房、道路、防洪大坝等将成为物种迁移的直接障碍。海平面升高对珊瑚礁种类有极大危害。因为珊瑚对海水的光照及水流组合有严格的要求。如果海水按预算的速度升高的话，那么即使生长最快的珊瑚也不能适应这种变化。此外海水温度升高同样会对珊瑚产生极大危害。由此将导致大量的珊瑚沉没以致死亡。

来自澳大利亚著名旅游景点大堡礁的消息说，色彩斑斓的珊瑚礁如今开始褪色。不少专家分析说，这是珊瑚礁发出的求救信号，也是全球气候变暖影响地球自身的征兆。

科学家说，海洋温度的上升将使更多珊瑚礁褪色。由于海洋吸收了过多的二氧化碳，其酸度增加，削弱了珊瑚形成珊瑚礁的能力。海洋温度只要上升 1.1℃，就能导致大规模的珊瑚褪色。

大堡礁的珊瑚礁开始褪色仅仅是全球珊瑚礁问题的"冰山一角"。许多专家认为，如果不对污染和过度捕捞等问题采取有效保护措施，未来50年海洋温度上升导致的珊瑚礁褪色问题将更令人震惊。不仅如此，这些问题还将进一步殃及依赖珊瑚礁生存的百万种海洋生物。澳大利亚珊瑚礁研究专家休斯说，我们只有20年的时间来改变这种状况，但是如果现在不采取行动，全球环境和经济将会因此蒙受巨大损失。

四、鸟类种群受到影响

气候变暖将直接影响种鸟种群。鸟类学家认为由于气温升高，导致一系列恶劣气候频繁出现，将影响候鸟迁徙时间、迁徙路线、群落分布和组成。此外，气候变化导致各种生态群落结构改变，将间接影响鸟类的种群。

2009年2月11日，新加坡《联合早报》报道，随着美国气候越来越温暖，北美大约305种候鸟中，半数在过冬时向北方移进。

美国生态保护协会奥特朋协会的一份研究报告显示，由于气候的变化，知更鸟、海鸥、山雀和猫头鹰等候鸟的过冬地点，比40年前向北移进了56千米。紫织布鸟的迁移距离最远，比以往向北移进了640多千米。

鸟类移居的原因很多，包括城市扩建、森林砍伐和觅食问题。不过，研究人员表示，那么多来自不同地区的候鸟在同一时间向北方移进过冬，唯一的解释就是全球气候暖化。

研究报告显示，与40年前同期相比，美国在1月的平均温度上升了近3℃，而北部地区变暖的现象最为明显。目前，北部地区可发现更多的南方物种，而一些北部物种则撤退至加拿大。

气候变暖影响鸟类迁徙

2009年4月15日，英国科学家在《生物地理学》杂志上发表了一篇全球变暖对鸟类迁徙影响的报告。报告指出，由于全球变暖导致鸟类的繁殖地向北迁移，欧洲大陆的一些候鸟不得不飞得更远。这也是这些鸟类自1万多年前冰河世纪以来遇到的最大威胁。一些莺类从非洲到迁徙目的地比原来要多飞400千米，一年来回两次的行程就达6000千米。而对于一些鸟类来说，多飞数十千米就面临着生死存亡的考验。

五、蓝藻暴发可能成为全球性问题

2008年4月4日，美国《科学》杂志上发表了一篇关于蓝藻暴

发原因的文章。文章指出，蓝藻暴发与全球变暖造成的极端天气有关。文章合著者之一、美国北卡罗莱纳大学教授汉斯·派尔把蓝藻称作"湖泊里的蟑螂"，这种藻类植物遍布各处，很难消除，即使太阳照射也不会躲到角落里；它们不停生长，甚至能长到90厘米厚。

蓝藻被认为与人类皮肤疾病和致命肝脏疾病有关。美国各地政府曾经投入巨资治理各地水系，但这种藻类在发展中国家更为流行。几乎全世界的主干水系，包括非洲的维多利亚湖、波罗的海、伊利湖、五大湖、佛罗里达州的欧基求碧湖等都长满了这种水藻。

派尔教授表示，蓝藻暴发是个全球性的问题。人们早就认识到水里的富营养化造成蓝藻生长，但是科学家现在认为全球变暖、水温升高更是蓝藻暴发的诱因。

温暖的天气使得生长季节变长，这就激发了北部水系里的蓝藻暴发。以前北部湖里的水温太低，不适合蓝藻存活。20世纪30年代在欧洲南部发现的一些藻类，现在在德国北部也生长极盛。而一种原先在佛罗里达发现的藻类，现在则生长在美国东南部。更有一些藻类已生长到北部的蒙大拿，甚至遍及加拿大全国。

蓝藻生长极盛，使得鱼类和其他水生动植物生存空间变得很小。蓝藻挤满整个水面，可供鱼类作食物的其他水生植物被遮盖在下面。而鱼类通常都对蓝藻"敬而远之"，因此它们就会吃不到食物而离开。蓝藻死亡后，沉到水底分解腐烂，又损耗了很多水里的氧气。

六、水母泛滥成灾

2007年秋天，土耳其马尔马拉海沿岸水域出现大量白色胶状漂

浮物。它们白茫茫一片，密密麻麻地铺满了海面。在土耳其最大城市和海港伊斯坦布尔，这一现象尤为明显。那么，这些白色物体到底为何物？它们又是怎样形成的？一时间，这些问题似乎成了难解的谜团。经科学家研究发现，这些白色物体既不是人类排放的污染物，也不是海洋中的浮游生物，它们竟是集体死亡的白色水母的尸体。

事实上，水母泛滥成灾，并非只此一例。2007年11月，北爱尔兰唯一的一家三文鱼养殖场，遭受了一次特大水母袭击。这一事件共造成10万条三文鱼"全军覆没"，养殖场也因此损失约200万美元。这一事件甚至惊动了英国皇室，因为英国女王伊丽莎白二世最爱吃这家养殖场出品的三文鱼。据受灾公司称，这一事件的罪魁祸首是远洋夜光水母进攻养殖场。远洋夜光水母俗称紫水母，以其晚间可见的紫色光而闻名。事发那几天，几十亿个远洋夜光水母密布于该公司养殖场附近方圆25平方千米、10米深的水域。这些水母形成一个个巨大的黑团，将渔场层层包围。虽然渔场派出数十名人员进行营救，但乘坐的三艘船却花了数小时才穿越水母群，当抵达养鱼用的网箱时，已来不及抢救。网箱里的三文鱼不是已经死亡，就是在垂死挣扎。它们主要是被水母刺死、挤死，及受惊过度而死的。

另外，墨西哥湾养殖的对虾曾成为水母的"战利品"；澳大利亚世界杯游泳赛期间，由于水母突然"占领"泳池，一些运动员被迫中途弃权；有着"地中海明珠"美誉的法国名城戛纳，则不惜出资8万欧元设置水母防护网，以远离"海洋终结者"的侵扰。

水母是一种海洋软体动物，早在6亿年前就来到了这个世界。

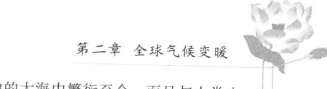

此后，它生生不息，一直在浩瀚的大海中繁衍至今，而且与人类也一直相安无事。但是近些年来，它的数量急剧增加，以至泛滥成灾，造成了上述悲剧。人们不禁会疑惑，水母为什么会泛滥成灾呢？答案便是全球变暖、过度捕捞和含毒性药品的排放。

全球变暖会导致水母泛滥成灾，造成北爱尔兰渔场惨剧的远洋夜光水母就是一个最好的例子。这种水母一般只生活在地中海沿岸，由于全球气温变暖才漂移至北爱尔兰。此外，科学研究显示，海洋气温上升 1℃~2℃，对于水母没有丝毫伤害，却足可以要了水母的天敌海龟的命。因为海水温度升高，必然增加海水中盐的浓度，而这种情况却极不利于海龟龟壳的生长。全球变暖，对于一天可以吃掉 50 个水母的海龟来说，无疑是一个坏消息。

此外，过度捕捞和含毒性药物的过量排放，也是造成水母泛滥成灾的主要原因。长期以来，人类过度捕捞海洋鱼类，严重破坏了海洋生态平衡，使得水母等水生软体动物和有害藻类植物大量繁殖。从事水母研究 30 余年的法国海洋生物学家高伊指出，人类对海洋过量排放含毒性药物，特别是避孕药等人类用来控制生育的药物的危害最大。实验证明，这些药品不仅不能抑制水母的生长，反而对它们的生长起到了促进作用。

七、外来物种入侵南极

与世界上的其他地方相比，南极是环境未受污染的最后堡垒。南极洲有着特殊的生物物种，以企鹅、海豹和鲸类而闻名。但是随着全球变暖的发生，外来物种可能会入侵南极。近年来，就有科学家在南极发现了跳虫和苔藓等微生物。他们还担心，全球变暖会为老鼠等物种入侵南极洲创造适合的生存条件。

如果气候变暖，一种名为匍匐翦股颖的欧洲草对南极将是一大威胁。"南极洲外来物种"研究项目负责人达娜·伯格斯特龙说："这一物种哪里都能生存，它现在已遍及南极洲大部分岛屿。与世界其他地方相比，南极是环境未受污染的最后堡垒。南部的大洋将它与世隔绝，但人类正开始冲破那道障碍。"

挪威特罗尔科研站的负责人阿特勒·马库森指着桌子上的一瓶假花说："这些花都是塑料的。不允许我们带任何活的东西来。对于外来物种的限制非常严格。"但在特罗尔站附近仍生活着大量的南极海燕。近年来还发现了 4 种螨类，有些岩石上还有苔藓。

从事极地研究的挪威研究人员基姆·霍尔门说："一位瑞典科学家在一个池塘里获取的样本中就发现了 8 种前所未知的南极微生物。"

目前，入侵物种在南极大陆周围的岛屿上已站稳脚跟。其中最具破坏性的是南佐治亚岛上的驯鹿和麦夸里岛上的老鼠和猫。在南极洲的其他地方，日本研究驻地的房子下面长了草，俄罗斯站发现了入侵植物，澳大利亚站附近则发现了多种真菌。

链接：全球变暖恐致新西兰大蜥蜴变性而灭绝

新西兰大蜥蜴是目前地球上所知的唯一恐龙时代存活下来的爬行动物，数量已经非常稀少。它们一生中可以变换几种颜色，体长可以长到 60 多厘米，寿命超过 100 年。它们的额头上有着神秘的第三只眼，尽管功能还不清楚，但科学家们怀疑它能帮助大蜥蜴辨别时间。大蜥蜴生活在洞穴中，经常与鸟类分享巢穴，能够屏住呼吸长达一个小时。它们通常在夜间活动，捕食一些小型动物。

濒临灭种的新西兰大蜥蜴

由于全球持续变暖，这种被称为"新西兰活化石"的大蜥蜴正面临着灭种的危险。研究表明，温度升高促使大蜥蜴的雄性比例大幅提高，最后可能因为缺少雌性无法繁衍而灭绝。

新西兰大蜥蜴是古老爬行动物斑点楔齿蜥的仅存后代，可以追溯到2亿年前。它们的性别是由卵孵化时的温度决定，温度越高，雄性的比率就越高。一般来说，温度在22.25℃以上的时候，孵化出的后代以雄性居多，而当温度低于22.1℃的时候，雌性比例更大。

目前，这种大蜥蜴已经很少见了，只在新西兰一些远离主岛的小岛上偶尔看到几只。随着全球变暖加剧，大蜥蜴栖息地的温度将不断升高，这种微妙的变化将导致它们的性别彻底失衡。大蜥蜴大部分的巢穴安在很浅的土壤里，目前种群中已经多是雄性。尽管大蜥蜴以前能够忍受恶劣气候，甚至在可能是导致恐龙灭绝的流星撞击中幸存下来。但那时大蜥蜴的数量非常丰富，这使它们有足够的基因变异渡过难关。

据澳大利亚科学家制作的气候模型显示，以现在全球变暖的速度来看，到 2085 年，地球上的平均气温可能上升 4℃。这将足以导致新生的新西兰大蜥蜴全部成雄性。

更糟糕的是，新西兰大蜥蜴的繁殖率很低。平均来说，雌性每 4 年才交配一次，而卵需要 11～16 个月才能孵化出来。气候模型显示，全球变暖对大蜥蜴生存有着显著影响，最后的雌性可能在 2085 年孵化，那时或许还有一两只幸存下来的雄性大蜥蜴。

尽管大蜥蜴本身已经做出将卵置于阴凉之地或者延迟产蛋时间的适应性进化，但这已经不足以帮助它们克服日益严峻的灭绝威胁。有鉴于此，科学家目前正在竭力挽救大蜥蜴。

第三节　冰川融化，海平面上升

2008 年 3 月 16 日，联合国环境规划署发表声明说，全世界冰川融化速度创下历史最快纪录，导致这一结果的主要原因是全球气候变暖。冰川融化会对人类和其他生物的生存构成威胁。

全球变暖会导致海水膨胀，另一方面冰川融化也会向海洋中注入更多的水，最终导致海平面上升。海平面上升会让许多岛屿和临海地区的居民面临风险，科学家的研究表明，全世界 1/10 的人口生活在低海拔沿海地区——这些海拔高度不超过 10 米的地区更容易受到气候变化导致的海平面上升、剧烈的风暴潮和气旋的袭击。全世界人口超过 500 万的大城市将近 2/3 都处于低海拔沿海地区。

一、冰川融化可致严重危机

研究人员指出，由于冰川是重要淡水资源之一，因此冰川融化速度过快会给一些地区带来淡水危机，甚至在水源稀缺的地区酝酿争水冲突。

联合国环境规划署在声明中说，从安第斯山脉到北极，冰川消融速度加快。"我们通过调查 9 个山区的近 30 片冰川发现，2005 至 2006 年度的平均消融速度是 2004 至 2005 年度的 2 倍。"

研究数据显示，2006 年，世界冰川的平均厚度减少了 1.5 米，而 2005 年这个数字仅为 0.5 米。联合国环境规划署说，这是有研究人员监测以来冰川消融速度最快的时期。

坐落在瑞士苏黎世大学的世界冰川监测中心工作人员说，与其他地区相比，欧洲山区冰川损失最为严重，其中包括阿尔卑斯山脉、比利牛斯山脉和北欧山区。

例如，挪威一片冰川的厚度 2006 年减少了 3.1 米，而 2005 年仅减少 0.3 米；法国坐落在比利牛斯山脉的冰川 2006 年厚度减少了 3 米，2005 年减少 2.7 米；意大利的马拉瓦里冰川 2006 年厚度减少了 1.4 米，2005 年仅减少 0.9 米。

世界冰川监测中心负责人维尔弗里德·黑伯利说："最新统计数据显示出一种不断加强的趋势，目前还无法看到尽头。"

联合国环境规划署负责人阿基姆·斯坦纳说，冰川消融是全球气候变暖最重要的指标之一。路透社也说，自 1980 年以来，世界冰

川的平均厚度减少了约 11.5 米，这主要归咎于人类滥用煤炭、石油等燃料引起的全球气候变暖。

不少气候专家认为，由于世界上数十亿人口饮用冰川融水、依靠冰川水灌溉、发电，因此冰川过度消融会给这些人口带来淡水危机。

斯坦纳说，由于冰川消融速度过快，这些人口不得不改变生活方式，甚至只能搬家。他还担心，淡水不足地区局势会因此紧张起来，甚至为争夺水源爆发冲突。

冰川融化会给局部地区带来灾害。如喜马拉雅山冰川如此融化，在 5～10 年内，会使尼泊尔、不丹境内近 50 个冰川湖决堤而引发洪水泛滥；夏季冰川快速消融也会引发印度境内印度河、恒河水位上涨而造成洪灾。相反，随着冰川的退缩，大部分以冰川融水为水源的地区将会严重缺水，如秘鲁、印度北部就因冰川的加速消融而面临着缺水危机。

冰川融化不仅会带来缺水危机，还会加重全球温室效应，致使局部地区气候反常。冰川，特别是极地大范围冰盖能大量反射太阳光，从而有助于人类居住的地球保持温度不至于升高。然而，当冰川融化后暴露的陆地和水面就会吸收太阳热量，从而导致冰体融化更多，由此连锁反应势必加速地面增温过程，有助于气候变暖。而北极地区冰体过度融化后较冷冰水却会对欧洲部分地区和美国东部地区产生冷却效应，冰水流入北大西洋，又可能会使那里的大洋环流模式遭到破坏，反过来又影响着全球气候变化。

冰川融化还会对一些动植物的生活环境构成破坏。有报道说，

冰川融化

与冰盖变化有关的北极熊难以觅食而体重下降；南极的企鹅和海豹也因海冰减少和气温上升而改变了生活习性和繁殖方式。近年来，祁连山冰川正在以 2～16 米/年的速度退缩，其融水比 20 世纪 70 年代减少了约 10 亿立方米，对那里的自然生态环境产生了严重影响。如民勤县，因发源于祁连山的石羊河年径流量锐减，不得不打深水井，造成地下水位下降，水质变坏；50 万亩（1 亩≈666．67 平方米）沙生植物焦渴而死；500 万亩草场退化；风沙日数明显增多。因为水源减少，近 10 年来那里自然生态环境严重恶化，加上北方强冷空气南下引起的"狭管效应"，北临腾格里和巴丹吉林沙漠，面积达 12 万平方千米的戈壁和沙地、绵延 1000 多千米的河西走廊地区以及内蒙古阿拉善盟地区，目前已经成为我国北方强度最大的沙尘暴源头。

另外，冰川融化也是造成海平面上升的一个原因。科学家认为，在过去的一个世纪里，冰盖和山地冰川的融化，是导致全球海平面上升 10 ~ 25 厘米的原因之一。如今，冰川融化导致海平面上升的数值正在不断增加着。如果南极冰盖发生崩解，会引起全球海平面上升近 6 米。如果南北极两大冰盖全部融化，其结果会使海平面上升近 70 米。

二、海平面上升会淹没岛屿

人们对海平面上升问题的担忧由来已久。早在 20 世纪 60 年代，科学家就开始考虑南极和北极地区的冰原如果消融会给全世界沿岸带来什么影响。20 世纪 90 年代以来，科学家越来越确信人类活动导致的气候变暖的真实性。这种变暖首先使海水受热膨胀，从而使海平面上升。

海平面的上升，主要因为海水升温膨胀。另外一个原因就是冰川和其他陆地冰块的融化，它们增加了海水量，提高了海平面。事实上，来自格陵兰岛和北冰洋的大冰块在未来几十年内影响并不大，但在未来几个世纪里影响可能增大。

2007 年 2 月，IPCC 公布的报告显示，即便温室气体的浓度稳定下来，由于气候过程和反馈的时间跨度，人类活动造成的变暖和海平面上升仍将延续数个世纪。到 21 世纪末，全球海平面将上升 18 ~ 59 厘米。

IPCC 的估算，被认为没有精确考虑格陵兰岛和南极洲冰川融化等因素，因而受不少研究人员质疑。

德国波茨坦气候影响研究所教授斯特凡·兰姆斯托夫就在一次国际会议上说："如果我们继续增加碳排放，海平面上升幅度至2100年将大大超过1米。即使按照碳排放水平较低条件计算，最佳情况也在1米左右。"

"格陵兰岛冰川减少情况表明，过去10年间海平面上升速度加快，"美国科罗拉多大学环境科学合作研究院主任康拉德·斯特芬说，"各地海平面至2100年可能平均上升1米或更多。根据冰川消融发生地不同，各地海平面上升幅度差异较大。"

海平面上升后，最首先受到影响的就是岛屿。全世界有约6.34亿人生活在沿海的脆弱地区。即便海水没有完全淹没岛屿，岛屿脆弱的生态系统也会受到严重的影响，各种自然灾害加剧。这也是各个小岛国家早已联合起来积极参与气候变化问题谈判的原因。如果海平面上升1米，印度洋上的岛国马尔代夫就会面临灭顶之灾，这个由超过1000个小岛组成的岛国的大部分地区海拔高度不足1米。

三、海平面上升威胁我国沿海地区

全球气候变暖加速冰川融化和海水膨胀，进而引起海平面上升，我国人口稠密的沿海地区正在面临海平面不断上升的威胁。

我国海岸线长达6000多千米，沿海分布着的上百座大中城市，都是人口密集之地。大连、天津、青岛、上海、杭州、厦门、广州、香港、澳门和深圳等城市的海拔都在20米以内。就是北京，以及南京、武汉这些看似和海洋虽有一定距离，但其海拔却都在山岳冰川和极地冰盖融化的"水漫"之列。

让我们先来看一组数字，近30年来，我国沿海海平面总体上升了9厘米。其中，上海为11.5厘米。据预测，未来30年我国沿海海平面将上升8～13厘米，有些地区会面临更大风险，到2050年，上海海平面将较1990年上升70厘米。

海平面正在上升，今后还将加速，这将会对我们的生活造成怎样的影响呢？以上海所在的长江三角洲为例，按照国家海洋局的研究，在有防潮设施情况下，如果海平面上升65厘米，按照历史最高潮位推算，海水可能淹没包括上海在内的长江三角洲和江苏海岸13%的土地，也就是说，长三角富庶的多数城市，都将面临海平面上升的威胁。

当然，沿海地区会采取防卫措施来应对，但我们依然可以想象，如果海平面到2050年上升70厘米，会造成多么严重的损失，富庶的城市将遭受严重影响，千千万万的人们或许将面临被迫搬迁的困境。

和长江三角洲面临同样威胁的，还有很多沿海地区的城市和乡村。海南省乐东县龙栖湾村附近海岸在1996～2007年的11年里后退了200余米，数十间房屋被毁，村民不得不随海岸变化而三次搬迁。到2005年，广西防城港市港口区光坡镇沙螺寮村被淹没的土地面积达4.2平方千米，造成100多户村民迁移。

除了土地被淹没，海平面上升会导致沿海公路、农田和建筑被海水侵蚀破坏，台风、风暴潮频发，海水入侵、土壤盐渍化加剧，城市排污困难等一系列问题。

有海岸"保护神"之称的红树林也深受海平面上升之害，分布

面积逐渐减少。近10年来，由于海平面上升和人为破坏等原因，广西有10%的红树林消失了。红树林的减少，加剧了海岸侵蚀，降低了沿海抵御风暴潮、海啸、海浪等海洋灾害的能力。

链接：瑞典学者称气候变暖导致海平面上升是世纪谎言

现在，全球变暖导致海平面上升淹没陆地，已成为人们的一个共识。但瑞典一位学者却对这个理论发起了挑战。这名瑞典学者把全球海平面上升的说法指责为"世纪大谎言"。

他表示，全球海平面在过去50年来都没有上升过，而且在这个世纪内都不会对人类构成大影响。国际社会不惜动用上10万亿美元应对全球暖化，首要的根据是温室气体导致地球的气温正不断上升，南极、格陵兰等地的冰盖正不断融化，若趋势持续，大量土地将会被淹没，酿成浩劫。但海平面上升之说，也许是个千古大谎言。

IPCC预测地球的海平面将于2100年前上升59厘米；美国前副总统戈尔在其奥斯卡得奖纪录片《绝望的真相》中更预言海水将会上涨6.1米之多，把上海、旧金山等地的半数土地浸没。

然而，瑞典地质学家兼物理学家尼尔斯——阿克塞尔·默纳指出，过去50年来，海洋水位只是按照自然规律时升时降。平均水位不但没有上升过，他更预言海平面在21世纪内都不会上升超过10厘米，即使把未知之数计算在内，最高幅度也只会有20厘米，最低幅度更是零。他说，无须验证实质证据，只要计算融化冰盖所需的潜热，便知道《绝望的真相》中的绝境根本不可能成真。

默纳在过去35年来用尽一切科学手法研究全球各个海洋的海平

面，而且曾经出任国际第四纪联合会国际海平面变化委员会的主席。他与其他科学家通过来自计算机模型的计算来进行预测不同，他的预测都是实地考察的结果。默纳出任国际海平面变化委员会主席时曾带领专家小组前往马尔代夫和图瓦卢进行考察工作，他们的考察结论是马尔代夫的海平面50年来没有上升过；图瓦卢的海平面更是比数十年前更低；亚得里亚海的水位并没有上升，只是水城威尼斯正在陆沉而已。

默纳博士表示，IPCC的研究带有严重的误导性质。该委员会声称全球海平面每年上升2.33毫米，但其实2.33毫米的数据只是在香港录得的水位上升数字，而其人造卫星取得的数据却没有显示水位上升的趋势。默纳还指责道，他所查阅的IPCC发表的两份报告，赫然发现撰写报告的22名学者中竟没有一个是海平面专家。

第四节　气候反常，海洋风暴增多

气候变暖导致全球各地出现反常的气候。欧洲、亚洲、美洲的四季都像是发生了紊乱，经常受到各种极端天气的"侵袭"。有的地方洪水泛滥，有的地方却高温难耐。非同寻常的天气引发自然灾害，造成人员伤亡和财产损失。

不只是在陆地上，海洋里也因为气温上升的能量转化为风暴能量，从而刮起了越来越强烈的海洋风暴。海洋风暴横扫整个世界，在登陆的时候，同样造成巨大的损失。

一、普遍存在的气候异常

来自美国哈佛大学等大学的研究人员测算出了过去50多年每年春季到来的日期。他们把测算结果与英国东英吉利大学提供的从1850年到1950年的全球气候记录相比较后发现，春季到来的时间提前了两天左右。研究人员表示，造成这种情况的原因尚不清楚，但怀疑与人类活动造成的气候变暖有关。

研究发现，不仅是春季的到来时间，另外3个季节的开始时间和每年气温最高时期也有所提前。

参与研究的美国加利福尼亚大学伯克利分校研究生亚历山大·斯泰恩说，以北半球为例，1850年至1950年的四季开始时间变化不大，每年最炎热的日期在7月21日前后。而与之相比，1954年至2007年温度最高日期平均提早了1.7天。

"100年间（1850～1950年），季节更替比较自然，之后，随着全球平均温度升高，季节更替的时间发生了很大变化。"斯泰恩说。

除季节更替时间提早外，研究人员还发现，近50年来，冬季和夏季的温差正在缩小，冬季温度升高速度要快于夏季。

研究结果显示，在非赤道地区，过去50年里，冬季陆地温度平均上升了1.8℃，夏季温度上升了1℃。海洋的温度变化程度要小于陆地。

"所有季节的开始时间都提前了，温度也有所提高。"斯泰恩说。

一些生物学家还发现，过去50年中，一些表明春季已经到来的自然现象也提早发生，例如花朵开放、鸟类迁徙、积雪和海冰融化等。

科学家认为，这些现象的提早出现表明地球气候在不断变暖，从而导致每月的气温升高。

除了季节提前外，一些地方还会出现完全不符合当地气候特征的天气状况。2008 年 9 月 3 日，肯尼亚首都内罗毕西北 200 多千米外的一个乡村下了一场罕见的雪，居民早上起床时，发现草地一夜间铺上了一层冰雪，很多村民一生都未见过下雪，有人拾起冰块消暑，亦有人乘机打雪仗。

经历这场雪的地方，位处东非裂谷地区，过往曾落冰雹，但从来都没有下过雪。有专家指出，当地 20 年前是一片森林，估计气候突变可能与过度砍伐树木有关。

受全球变暖影响，一些地方还会出现降水量减少等情况。2007 年 3 月，美国国家气象局就宣布，洛杉矶受到全球变暖影响，城市气候发生反常，降雨量大大减少。美国国家气象局在一份声明中说，自 2006 年 7 月 1 日起至发表声明时止，洛杉矶市区降雨量只有 61.47 毫米，与正常年份的同期降雨量相比减少了 220.95 毫米，是 1877 年有记录以来最少降雨量。

除了降雨减少，洛杉矶在 2006 年夏天还遭遇了罕见的高温袭击，造成 100 多人死亡。同一年的冬天，寒流席卷了一向温暖如春的洛杉矶，给农作物造成巨大破坏。

美国气候学家威廉·帕策特指出，这种奇热、奇冷、奇干的反常气候都与全球气候变暖有密切关系。他说，往年太平洋受厄尔尼诺现象影响，海水比较暖和，这就缓和了来自北部的冷气流。但 2006 年冬天，厄尔尼诺现象没有对洛杉矶地区造成太大影响，于是一股来自极地的冷气流左右了该地区的气候。

二、厄尔尼诺和拉尼娜现象频现

厄尔尼诺在气象学中的使用起源于秘鲁和厄瓜多尔。在秘鲁和厄瓜多尔海岸，每年从圣诞节起至第二年3月份，都会发生季节性的沿岸海水水温升高的现象，3月份以后，暖流消失，水温逐渐变冷。当地称这种现象为厄尔尼诺，西班牙语的意思为"圣婴"，即圣诞节时诞生的男孩。这种现象已有几千年的历史了，但是从19世纪初才开始有记载。现在所说的厄尔尼诺现象是指数年发生一次的海水增温现象向西扩展，整个赤道东太平洋海面温度增高的现象。

厄尔尼诺现象发生时，由于海温的异常增高，导致海洋上空大气层气温升高，破坏了大气环流的原来正常热量、水汽等分布的动态平衡。这一海气变化往往伴随着出现全球范围的灾害性天气：该冷不冷、该热不热，该天晴的地方洪涝成灾，该下雨的地方却烈日炎炎、焦土遍地。一般来说，当厄尔尼诺现象出现时，赤道太平洋中东部地区降雨量会大大增加，造成洪涝灾害，而澳大利亚和印度尼西亚等太平洋西部地区则干旱无雨。

在20世纪60年代，很多科学家都认为厄尔尼诺是区域性问题，它主要影响太平洋东部的南美沿海地区和太平洋中部的澳大利亚沿海地区。然而20世纪80年代以后，通过气象卫星的观测发现，厄尔尼诺在世界很多地方都出现。由于海水表面温度平均每升高1℃，就会使海水上空的大气温度升高6℃，造成大气环流异常，严重地影响世界各地的气候。所以每当厄尔尼诺现象发生时，世界上很多地

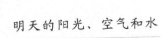

方都会发生诸如冷夏、暖冬、干旱、暴雨等异常气候。

1982～1983 年，东太平洋赤道海域的海表面温度持续高于正常温度，引起了全球气候异常。全球一部分地区发生了几十年甚至几百年不遇的严重旱灾，而另一部分地区却遭受了多年未遇的暴雨和洪水。台风、冰雹、雪灾、冻害、龙卷风等灾害也在全球各地频频发生，造成的直接经济损失达 200 亿美元。这是 20 世纪最严重的厄尔尼诺现象。

厄尔尼诺现象一般每隔 2～7 年出现一次。但是，20 世纪 90 年代后，这种现象却出现得越来越频繁了。不仅如此，随周期缩短而来的，是厄尔尼诺现象滞留时间的延长。这一现象引起了科学家的注意，虽然对厄尔尼诺现象的探索还在进行中，但科学家们普遍认为，厄尔尼诺现象的频频发生与地球气候变暖有关，其变化的迹象表明，厄尔尼诺现象并不仅仅是天灾。

与厄尔尼诺现象相反，海面水温低于往年的现象被称为拉尼娜现象。由于拉尼娜现象正好与厄尔尼诺现象相反，所以又被称为反厄尔尼诺现象。拉尼娜现象一般紧随在厄尔尼诺现象之后出现，一般认为是由于厄尔尼诺现象造成的庞大的冷水区域在东太平洋浮出水面后形成的，是大自然修正厄尔尼诺现象造成的气候失衡的一种方式。拉尼娜现象的出现也是全球气候系统异常的一个强烈信号。这种海洋热状况的异常会对热带大气环流造成很大影响，从而导致全球气候的失常。

拉尼娜现象也是每隔几年出现一次，是东太平洋沿着赤道酝酿出的不正常低温气流，导致气候异常。其发生频率比厄尔尼诺现象低，比较典型的一次较强拉尼娜现象发生在 1988～1989 年间。1988 年夏，北美的大干旱烤焦了从加利福尼亚州到佐治亚州的大片土地，使谷物收成减产了 1/3。美国西部森林火灾不断，著名的黄石国家公园一度被大火所吞。随后飓风又从加勒比海上空呼啸而过，侵害多数的中美洲国家，仅尼加拉瓜一国的损失就达数百万美元，致使 500 多人死亡，成千上万的人无家可归。另外，1998 年 5 月厄尔尼诺现象才告结束，全球气候尚未恢复正常，拉尼娜现象又出来为患。令不少地方分别出现严寒、冬暖、风雪、干旱和暴雨等灾害。

从世界范围来看，拉尼娜现象在南部非洲引起暴风雨和洪灾，在肯尼亚和坦桑尼亚引起干旱，在菲律宾和印度尼西亚酿成洪灾，在南美洲的南部地区则是异常的干燥少雨天气，与厄尔尼诺引起的现象正好相反。

三、海洋风暴增多增大增强

根据 IPCC 的研究，自 20 世纪 70 年代以来，全球海洋风暴持续的时间和强度都有增加趋势，这与热带海洋表面气温的不断上升有密切关系。

2007 年 7 月 29 日，《伦敦皇家学会哲学汇刊》上发表的一项研究报告指出，在过去 100 年间，大西洋飓风每年发生的次数翻了一番，这部分应归咎于全球气候变暖导致海水表面温度上升，使风向和形态发生了改变。由温室气体所引起的气候变化会导致更多、更强烈的热带风暴和飓风。

美国大气研究中心的格雷格·霍兰和佐治亚理工学院的彼

海洋上刮起的强大风暴

得·韦伯斯特领导的研究小组对过去 100 年间的气候资料进行了研究，发现在三个时间段内，大西洋热带风暴和飓风每年的发生次数急剧增加，然后趋于平缓。

从 1905 年至 1930 年，平均每年观察到 6 次大西洋风暴，其中 4 次飓风，2 次热带风暴。从 1931 年至 1940 年，每年的风暴数上升至 10 次，其中 5 次是飓风。而从 1995 年至 2005 年，平均每年有 15 次风暴，其中 8 次是飓风，7 次是热带风暴。2006 年是普遍认为比较温和的年份，但也有 10 次风暴发生。

值得注意的是，每次风暴数量上升前都会有海洋表面温度上升的现象。在过去的 100 年间，北大西洋海水表面温度上升了 0.7℃。

有科学家已计算出，2/3 的温度上升是由于人类活动产生的温室气体效应所致。在 1930 年之前，温度上升了 0.4℃；而在 1995 年之前，海水温度又上升了 0.35℃。海洋表面的温度上升会导致大气风力场和循环状态发生改变，从而影响到风暴发生的频率。霍兰认为，这些数字充分说明，气候变化是导致大西洋飓风增加的主要原因。

全球变暖除了使海洋风暴增多外，还会使风暴的力量增强。有研究人员指出，海洋气温上升的大部分能量转化为了更加强烈的风暴能量，海洋风暴能量的增强，必然对应着其破坏力的增大。

2006 年 9 月 13 日，美国科学家在《国家科学院学报》发表的文章中指出，人类的活动使得气候改变和如卡特里娜那样强大的风暴之间的"连接更加紧密"。在对全年乃至以前的风暴进行了系列研究后发现，大西洋和太平洋风暴强度增加的一个重要因素就与正在上升的海面温度有关。

美国科学家的新研究表明，近几十年来，全球变暖导致飓风和台风等热带风暴的破坏力大幅增强。这是科学家首次提出气候变化影响飓风和台风活动的证据。

在热带海洋上空，由于海水蒸发得很快，空气温暖潮湿，流动剧烈而且复杂，很容易出现热带气旋。产生于太平洋东部和大西洋的气旋被称为飓风，产生于太平洋西部的气旋被称为台风。海洋表面温度与气旋上方空气温度的差异为飓风或台风提供动力，因此，海洋表面温度升高会造成飓风或台风破坏力增大。

美国麻省理工学院的研究人员说，过去 30 年间，热带海洋表面温度仅上升了 0.5℃。他们对该时期海洋风暴速度和延续时间进行了分析，结果表明，北大西洋飓风的潜在破坏力几乎翻了一番，而太平洋西北部台风的潜在破坏力增大了75%。研究人员说，如此明显的变化，主要是全球变暖延长了风暴的延续时间而导致的。

特别是由于海洋风暴加剧，许多非洲国家由于经济和基础设施条件有限，难以采取有效措施加以应对，沿海地区数以百万计居民的生活难以得到保障。

2009年5月，联合国发布的一份全球减灾评估报告指出，全球平均每年有7800万人受到飓风、台风等海洋风暴影响，另有160万人受到这些风暴引发的风暴潮影响。"目前，全世界总人口的10%和城市人口的13%居住在海拔10米以下地区，这些地区约占全球陆地面积的2%。在非洲，12%的城市人口居住在这些地区"，其中，尼日利亚的奥克里卡、塞拉利昂首都弗里敦、冈比亚的巴瑟斯特以及坦桑尼亚的坦噶等城市的贫民区所受威胁尤其严重。

链接：厄尔尼诺的历史背景

根据从厄瓜多尔北方的埃斯梅拉达斯到秘鲁南部的南美西北沿岸所发掘的考古文物来看，证实了这样的一个事实：许多世纪以前，该地区的一些村落居民不可思议地遗弃了他们的村庄，迁往他乡。考古学家认为，他们遗弃村庄与气候变化异常有关，其中有些是与"厄尔尼诺"现象有关。

当西班牙人在漂泊不定的帆船上航行，去探索当时被称为南海的太平洋时，当地土著人曾告诉他们说，在一年的某一段时间内，风很弱，简直无法航行。这些西班牙探索者，很快就证实了这个事实。他们尽量把航行安排在风向、风速适宜的时候进行。

殖民主义的史学家彼得罗·利昂，对南美洲沿岸进行了详尽的观测和记录。根据他的记载，我们可以知道，通常情况下的航海线路总是沿海岸线的。即使根据航标航行，船只失事事件也时有发生。

关于洋流和风的记载，最早的历史可追溯到西班牙神父托马斯·勃朗格的那一次旅行。他受卡洛斯五世的委派去视察西班牙的殖民地。托马斯于1535年2月23日从巴拿马出行，终于在3月10日到赤道以南纬0°30′附近的一块陆地的岸边，这是一次十分偶然的机会，托马斯神父发现了加拉帕戈斯群岛。如今它是厄瓜多尔共和国的一个省。

几个世纪过去了，现在人们都知道每年从4月或5月开始，盛行风是由厄瓜多尔或秘鲁的沿岸吹向海洋，而在年底前风向就发生了变化。除了大气本身的连续性外，人们还注意到大约在12月或1月南美洲西北沿岸受暖洋流的冲击。由于这种现象的出现正值圣诞节，所以被称为"厄尔尼诺"，西班牙文的意思是"圣婴"。

杰罗尼玛·本佐尼描述他在厄瓜多尔沿岸及瓜亚基尔湾航行时，记载着在1546年由于雨水过多，瓜亚河迅猛上涨，不仅使沿岸地区遭受很大损失，还使附近的大部分地区发生了水灾，包括瓜亚基尔城镇也受水灾之害。于是，西班牙人向下游迁移了30千米左右，在更高的地面上重建起城镇，不过仍然紧挨着河边。本佐尼对该地区旱季、雨季的有趣记载中提到，瓜亚基尔省的冬季是在11月开始，并一直持续到翌年4月底，春季是从5月开始，夏季在10月结束。他还提到，沿着整个通布兹南部海岸的平原，有时在3~4年内没有一点雨水也是可能的。因此，至少从16世纪50年

代以来，人们已了解到，在某些年份可能有暴雨，另一些年份却是严重的干旱。

新格拉纳达的一位高级法官托马斯·迈德尔曾对南美雨季与全世界其他地区的旱季作了比较。1558～1559年，他在该地区航行日记中曾着重记录了气候方面的内容。他认为，若在西印度群岛是多雨和丰水的年份，在其他地区就是少雨和枯水年；反之，如果西印度群岛少雨、枯水，则其他地区降水偏多为丰水年。

托马斯·迈德尔还对一些在陆上和海上出现的飓风和强风暴作了有意义的记载，并详细描述了热带太平洋上的海洋动物，例如乌鲂和飞鱼。

因此，从古代以来，人们可认识到两种现象：一种是大气现象，它涉及风向风速的变化；另一种是海洋现象，每年12月至次年头几个月中海温是增加的。几个世纪来，人们已了解到，暴雨出现的年份是不规则的，没有测得任何周期。

在一些年史中，记载了很多与"厄尔尼诺"有关的现象，这些年史提到了在气候异常年份有猛烈的暴雨和河水泛滥，在沿岸地区造成了严重的经济损失。与此同时出现的是海洋气候的异常热带化，这种气候异常大大地破坏了生态平衡，以致灾难的发生。

西班牙人用了4个多世纪对美洲所进行的科学考察是着重研究大陆的动物、植物和矿藏，对海洋研究甚少。只是在最近一个世纪才对海洋条件与"厄尔尼诺"的关系作出准确的记载。罗伯特·墨菲从1924年12月～1925年3月在秘鲁和厄瓜多尔期间研究了这种关系。他提到"厄尔尼诺"是一种暖洋流，每年出现在圣诞节前，但在更长的周期中，这种现象更为明显。他认为自1891年以来，1925年的"厄尔尼诺"是最强的。他还指出，由于暖流的影响，导致浮游生物的消失，鱼更少见；海岸水域被热带动物侵袭；海鸟死亡或迁移以及雨水的异常等等。

查尔斯·毕比根据在巴拿马、加拉帕戈斯和可可斯群岛等区域1925年3~4的月科学观测记录，进行了动物学和海洋学的研究。他观测到一个明显的现象，即在巴拿马和加拉帕戈斯之间有十分强的洋流辐合；在海洋锋区有成千上万的浮游体在海流上漂浮，锋区走向是东北—西南向的。锋区特征表现出除有强的洋流外，还存在大量的深海鱼类和海鸟。它们是靠集中在锋区的有机物为生的。毕比认为这个特征与无法解释的秘鲁海流的消失有关。因为在加拉帕戈斯群岛以南地区，他曾发现有热带海洋动物，并且有相当高的海温。

近年来，由厄瓜多尔有关专家发表的海洋科学研究情况表明，赤道锋对浮游生物的繁殖以及鱼群所在的水层有重要的作用。在厄瓜多尔海区由于海洋条件的明显变化，以及赤道和沿岸地区的涌升流，可使浮游生物大事增加，并伴有大量的鱼类及甲壳动物。这可能促使鱼类加工业发展，鱼类加工业被认为是这个国家最大的、最有活力的产业之一。同时，"厄尔尼诺"现象与异常的海洋状况有密切关系。1982~1983年出现的"厄尔尼诺"现象很明显地改变了鱼类、甲壳类和几乎所有海洋生态系统中的有机物的分布和数量状况，并使海洋的肥力减少了1/5，造成了严重的影响。深海鱼捕获量减少了，而沿着整个厄瓜多尔海岸地区出现的洪水，反过来影响着农业

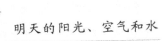

产量和交通运输。

　　无论如何，"厄尔尼诺"现象已经影响并将继续周期性地影响着整个厄瓜多尔地区和东太平洋。另外，还将涉及中太平洋和全球其他地区。这就是为什么我们必须作更大的努力来了解和研究"厄尔尼诺"现象的全部含义的原因。

第五节　气候变暖影响人类生存

　　在全球范围内的气候变化，尤其是气候变暖背景下，生态系统和经济社会受到负面影响和冲击；而更糟糕的是，流行病卷土重来，对人类健康和生存造成持久而深重的影响。研究表明，全球气候变暖在造成一些物种消亡的同时，还生成了许多新的变异品种，并激活了新病毒。仅过去 20 年内，全球就有至少 30 种新的传染疾病抬头。极端天气频发，还为疾病的传播提供了更为有利的条件。有研究报告显示，全球变暖使得新老病毒更加活跃和猖獗，病虫害也愈加容易滋生和蔓延，传染病载体的数量与日俱增，人类的健康日益受到危害。近年来，一些热带疾病已开始向高纬度地区扩散，霍乱、疟疾以及登革热的传播范围扩大，危及全球一半人口。

　　除了疾病外，人类还需要正视的一个严峻问题是，气候变化造成的损失。这在一定程度上抵消了经济增长带来的好处。据粗略估算，其造成的经济损失高达全球国内生产总值的 20%。这意味着全球变暖正在威胁着人类享有自己创造的劳动成果，人类的生存、生活质量受到全球变暖的影响。

一、全球变暖致疾病肆虐

据《人民日报》2009 年 1 月 15 日的报道，近来，一些流行病在发达国家和发展中国家呈现蔓延的趋势：沙门氏菌疫情目前正在美国 43 个州肆虐，迄今已造成 400 多人感染；急性呼吸道传染病——麻疹也在欧洲呈扩散之势，世界卫生组织称 2010 年在欧洲消除麻疹的目标恐难实现；在津巴布韦，感染霍乱的人数已近 4 万，自 2008 年 8 月以来已有 2000 多人因此死亡，这是继 1999 年霍乱在尼日利亚造成近 2100 人死亡后最严重的一次霍乱疫情。与此同时，埃及、越南等国都发生了禽流感疫情，并出现数人感染死亡的案例……

疾病肆虐，全球变暖难脱干系。国际野生动物保护协会发表的一份声明认为，由于气候变化，包括禽流感、霍乱、瘟疫等在内的 12 种"致命疾病"可能大面积流行。英国的一些气象学家也早已发出警告，认为人类活动引起的气候反常带给人类的危害，绝不亚于核武器等大规模杀伤性武器。据世界卫生组织测算，每年约有 15 万人因气候变化被夺去生命。

2008 年 7 月 14 日，《美国国家科学院院刊》上发表了美国泌尿学教授玛格丽特·珀尔的一篇论文，该论文指出，肾结石病与气候的变化关系密切。

玛格丽特·珀尔指出，如果全球变暖的趋势继续像联合国预测的那样，在未来数年可能会有更多的美国人因为全球变暖而患上肾

结石病。得了肾结石非常痛苦，这种病经常由脱水引起，而高温环境造成失水过多增加了这种病的发病几率。在美国部分干旱地区肾结石患者预计可能会增长30%。到2050年将增加160万~220万个肾结石病例，将花费10亿美元的治疗费用。

作者说："这项研究是全球变暖直接导致人类疾病的第一组实例之一。当人们从温度适中的地方迁到气温更高的地方时，患肾结石风险迅速上升。这已经在派往中东地区的军事部队中得到了证明。"

2009年4月5日，在肯尼亚首都内罗毕举行的"东非健康与科学大会"上，有专家表示：东非某些疾病的传播严重程度有加剧之势，这种情况与气候变暖有关。

肯尼亚医疗研究所全球健康研究中心专家安德鲁·吉塞科说，由于人类活动加剧导致温室气体排放增加，引发气候变暖，病毒、细菌和寄生虫导致的疾病传播在东非地区有加剧趋势。这位专家建议，东非地区的医疗机构应储备足够的防治药物，以应对那些传播状况与气候变暖密切相关的热带疾病。

吉塞科说，环境越温暖，病原体就能以更快的速度传播。据报道，在东非地区，疟疾、肺结核、腹泻、裂谷热等疾病的传播规律正在改变。

研究表明，近年来，非洲的温室气体年均排放量约占全球温室气体年排放量的3.8%。进入21世纪以来，特别是在2002~2005年间，全球气温显著升高。

二、全球变暖使人类存在潜在威胁

有科学家指出，由于全球变暖，北极冰层发生溶化，冰层中冰封了十几万年的史前致命病毒可能由此而重见天日，导致全球陷入疫症流行和蔓延，人类生命将受到严重威胁。

纽约锡拉丘兹大学的科学家发现一种植物病毒 TOMV，由于该病毒在大气中广泛扩散，推断在北极冰层也有其踪迹。于是研究员从格陵兰抽取 4 块年龄由 500 年至 14 万年的冰块，结果在冰层中发现 TOMV 病毒。研究员指该病毒表层被坚固的蛋白质包围，因此可在逆境生存。

这项发现令研究员相信，一系列的流行性感冒、小儿麻痹症和天花等疫症病毒可能藏在冰块深处，目前人类对这些原始病毒没有抵抗能力，当全球气温上升令冰层溶化时，这些埋藏在冰层千年或更长的病毒便可能会复活，形成疫症。科学家表示，虽然他们不知道这些病毒的生存希望，或者其再次适应地面环境的机会，但肯定不能抹杀病毒卷土重来的可能性。

如果说冰层中的病毒只是有可能会威胁人类健康，那么壁虱对人类健康的影响就是近在眼前了。法国科学家发现，在全球变暖的大环境下，一种名为壁虱的蜱螨目动物会改变吸食动物血液的习性，转而将目标对准人类，它在吸血过程中会传播病菌，因此增加了人患传染病的风险。

法国国家科研中心的研究人员介绍说，壁虱一般靠吸食动物血液为生，偶尔也会叮咬人类，在此过程中它们能传播 10 余种疾病，包括脑膜炎和莱姆病等。

研究人员对一种寄生在狗身上的壁虱进行了研究，后者作为立克次氏体病菌的载体，会引起严重的立克次氏体病。通常情况下，这种壁虱只叮咬犬类，很少对人类产生兴趣。立克次氏体病包括斑疹伤寒、斑点热、恙虫病等。

研究人员发现，2003年和2005年的夏季格外炎热。在这两个夏季，人感染立克次氏体病的几率大幅度提高。他们还注意到，2007年4月，法国南部城市尼姆也出现这种疾病，而当时尼姆遭遇了50年不遇的炎热天气。

为证明气候变暖对壁虱行为的影响，研究人员将他们研究的壁虱分为两组，分别在40℃和25℃的环境里放置24小时，随后让它们与人接触。结果，科研人员发现，第一组壁虱中有50%叮咬了参与试验的人员，而第二组却没有一只叮咬人类。

研究小组负责人迪迪埃·拉乌尔说，这充分说明，气候变暖不但有利于壁虱大量繁殖，还会使其习性发生改变，从而导致患传染病的人数量增加。

全球变暖还导致壁虱的活动范围扩大。在寒冷的瑞典北部地区，向来难以存活的寄生吸血虫陆续出现，壁虱就是其中之一。

壁虱在近10年内已在多个国家出现，它已从其传统的迁徙地——斯德哥尔摩群岛开始北上繁衍，甚至出现在靠近北极圈的地区。瑞典乌普萨拉大学的医学昆虫学教授托马斯·简森说："壁虱的北上与全球变暖温室气体有关。在寒冷的1月份，我们能看到壁虱，这说明这里的环境正在发生变化。"

瑞典疾病控制中心表示，携带致命性病菌的壁虱引起的脑炎病例在瑞典正呈上升趋势。20 世纪 90 年代发现 60 例，而 2005 年瑞典则出现了 155 例，病例数量增加了 1 倍以上。

三、气候变化影响人类生存环境

2008 年 2 月 5 日，英国《独立报》介绍了来自英国、德国和美国等 52 个国家或地区的气候专家联合发布的报告，研究报告提出 9 种自然现象变化设想，包括今后 100 年间北极海冰消融和亚马孙热带雨林消失等显著环境变化。专家警告说，如果温室气体排放量继续增加，全球平均气温持续升高，不仅自然环境将经受急剧变化，人类生存环境也将承受深刻影响。

专家指出，这些变化一旦突破"临界点"，对人类生存环境造成的影响将不可逆转。所谓的"临界点"，特指一些自然现象渐变、如气温升高累计达到一定程度时，引发急剧变化。

"我们的研究表明，随着人类活动导致气候不断变化，地球上的一些自然现象可能在本世纪内达到变化的'临界点'。"专家组成员、英国东英吉利大学教授蒂莫西·伦登说。

报告说，一些科学家相信，北极夏季海冰消融很快会达到临界点，进而加速融化直至完全消失。此外，格陵兰岛冰盖完全融化可能需要 300 年甚至更长时间，但消融速度今后 50 年可能达到"临界点"。

专家还认为，湾流以及印度洋和北非季风洋流可能发生变化；随着全球气候变暖，西伯利亚地区和加拿大一些由耐寒植物组成的

针叶林可能逐渐消失；亚马孙热带雨林也将因全球气温升高和不断遭到砍伐而最终从地球上消失。

科学家在报告中认定，当前最大和最明确的威胁，当属北极夏季海冰不久可能将会完全消融和格陵兰岛冰盖融化，导致海平面上升，淹没一些地势较低的沿海国家和地区。

报告说，人们可能会以为全球气候变化属于渐变，因而产生一种虚假安全感。

链接：《京都议定书》

为了人类免受气候变暖的威胁，联合国发起制定了《京都议定书》，以控制温室气体的排放量。1997 年 12 月，在日本京都召开的《联合国气候变化框架公约》缔约方第三次会议通过了旨在限制发达国家温室气体排放量以抑制全球变暖的《京都议定书》。其目标是将大气中的温室气体含量稳定在一个适当的水平，进而防止剧烈的气候改变对人类造成伤害。

《京都议定书》规定，到 2010 年，所有发达国家二氧化碳等 6 种温室气体的排放量，要比 1990 年减少 5.2%。具体说，各发达国家从 2008 年到 2012 年必须完成的削减目标是：与 1990 年相比，欧盟削减 8%、美国削减 7%、日本削减 6%、加拿大削减 6%、东欧各国削减 5%～8%。新西兰、俄罗斯和乌克兰可将排放量稳定在 1990 年水平上。议定书同时允许爱尔兰、澳大利亚和挪威的排放量比 1990 年分别增加 10%、8% 和 1%。

《京都议定书》需要在占全球温室气体排放量 55% 以上的至少 55 个国家批准，才能成为具有法律约束力的国际公约。《京都协议

书》于 1997 年 12 月在日本京都通过，并于 1998 年 3 月 16 日至 1999 年 3 月 15 日间开放签字。我国于 1998 年 5 月签署并于 2002 年 8 月核准了该议定书。欧盟及其成员国于 2002 年 5 月 31 日正式批准了《京都议定书》。2002 年 5 月 23 日，冰岛通过《京都协议书》后达到 "55 个国家" 的要求，2004 年 12 月 18 日俄罗斯通过了该条约后达到了 "55%" 的条件，条约在 90 天后于 2005 年 2 月 16 日开始强制生效。到 2005 年 9 月，一共有 156 个国家和地区通过了该条约，其中包括 30 个工业化国家，批准国家的人口数量占全世界总人口的 80% 以上，批准国家的温室气体排放量占全球排放量的 61%。

美国人口仅占全球人口的 3%~4%，而排放的二氧化碳却占全球排放量的 25% 以上，为全球温室气体排放量最大的国家。美国曾于 1998 年签署了《京都议定书》。但 2001 年 3 月，布什政府以 "减少温室气体排放将会影响美国经济发展" 和 "发展中国家也应该承担减排和限排温室气体的义务" 为借口，宣布拒绝批准《京都议定书》。澳大利亚也没有批准京都议定书，澳大利亚是温室气体人均排放量第二高的国家。

《京都议定书》是人类历史上首次以法规的形式限制温室气体排放。为了促进各国完成温室气体减排目标，议定书允许采取以下 4 种减排方式：

一、两个发达国家之间可以进行排放额度买卖的 "排放权交易"，即难以完成削减任务的国家，可以花钱从超额完成任务的国家买进超出的额度。

二、以 "净排放量" 计算温室气体排放量，即从本国实际排放

量中扣除森林所吸收的二氧化碳的数量。

三、可以采用绿色开发机制，促使发达国家和发展中国家共同减排温室气体。

四、可以采用"集团方式"，即欧盟内部的许多国家可视为一个整体，采取有的国家削减、有的国家增加的方法，在总体上完成减排任务。

第六节　给地球降温

控制温室效应，减缓全球气候变暖，给地球降温已经是世界各国面临的迫在眉睫的问题。就如何控制温室效应，最主要的思路就是减少温室气体的排放，这就要求减少工业生产和交通运输等方面的化石燃料的使用量。而化石燃料使用量的减少，必然要求我们寻找替代的能源。降低温室效应的另外一个思路，则是从如何吸收和利用二氧化碳等温室气体的角度来考虑的。

一、减排温室气体

二氧化碳等温室气体主要是化石燃料燃烧的过程中排放到大气中去的，因此减少化石燃料的使用，是目前世界各国对减排温室气体的一致看法。

化石燃料亦称矿石燃料，是一种碳氢化合物或其衍生物，其包括的天然资源为煤炭、石油和天然气等。在燃烧过程中，化石燃料中的碳转变为二氧化碳进入大气，使大气中二氧化碳浓度增大，从而导致了温室效应。由于化石燃料是目前世界一次能源的主要部分，其燃烧耗用的数量很大，从而对环境的影响也令人关注。

减少化石燃料的使用，主要有两方面的措施，一是行政手段，即通过强制性的法律规定和政府命令，要求化石燃料使用企业和个人，在温室气体排放上要符合标准，不符合标准的，予以取缔和处罚。二是经济手段，对化石燃料的生产和消费，按照其对温室效应的影响，进行相应级别的税收控制。另外，化石燃料使用的控制，是一个全球性的问题，因此在控制二氧化碳等温室气体的排放中，加强国际合作是非常必要的。比如，通过制定各种旨在限制温室气体排放的国际的规定，签订各种国际公约是一条行之有效的道路。

随着现代城市的发展，汽车等交通运输工具大增，汽车排放的尾气在温室气体排放总量中占有很大的一个比例。

因此，减少汽车耗油状况也已成为减排温室气体的一条途径。比如，日本和我国在汽车发展方向上，向着小排量方向前进，大幅改善了过去那种高油耗的状况。而在美国等国家，汽车在省油设计方面却没有明显的改善迹象，仍旧维持过度耗油的状况。不过，美国政府也逐渐意识到了这一点，在宣布通用汽车进入破产程序的发言中，美国总统奥巴马指出，新通用汽车将进入一个生产高质量、安全、节油的汽车的新阶段。

另外，需要特别指出的是，温室气体不只有二氧化碳一种，非二氧化碳温室气体的排放同样不容乐观，尤其是片面追求减排二氧化碳，而导致其他温室气体排放过多，产生更严重的温室效应，那

就完全是本末倒置了。

来自垃圾场、天然气燃烧、母牛养殖、水稻种植以及煤矿开采过程中的甲烷，来自农业和交通排放的一氧化二氮（也称笑气），来自冰箱制冷剂、推进剂和发泡剂的制造中的卤代烃，这些也都是重要的温室气体。这些气体在 19 世纪以来的全球变暖进程中单独所起的作用较小，但它们的综合影响却是相当巨大的。甲烷、一氧化二氮和卤代烃所产生的净暖化效应大约是二氧化碳暖化效应的 2/3，再加上空气污染形成烟雾带来的升温，非二氧化碳气体的暖化效应大体上与二氧化碳相当。

因此，对于非二氧化碳温室气体的减排也非常重要。比如，对汽车排气进行限制，就相当于限制了氮氧化物与一氧化碳的排放，这种做法虽然没有达到直接消减二氧化碳的目的，但却同样能够起到减轻温室效应的效果。

二、使用替代清洁能源

减排温室气体就需要减少对传统能源的消耗，这就要求我们一方面提高对能源的利用效率，一方面使用可替代的清洁能源。

无论是工业生产中，还是人们的日常生活里，能源利用效率的提升都是有空间的。高能耗企业通过技术、流程的改进可以回收和重复利用能源，进而减小能源的消耗，自然就会达到了减排温室气体的目的。随着人们生活水平的提高，人们日常生活中的能耗越来越大，尤其是住宅和办公室的冷暖气设备使用增多，注意选择节能产品、养成节能的良好习惯等等，都能为能源利用效率的提高做出

贡献。

　　使用替代清洁能源被认为是最彻底地解决温室效应问题的途径。大力发展无污染的可再生的能源，如太阳能、风能、潮汐能，不仅能够达到给地球降温的效果，也可以消除其他污染和环境问题。还有，发展核能也是一个方向，核能污染与传统化石燃料使用造成的污染相比要小得多。

　　特别的，生物能源是一种干净的替代能源。生物能源是利用植物经由光合作用制造出来的有机物充当燃料，从而取代石油等化石燃料类的高污染性能源。虽然生物能源也会产生二氧化碳，这点固然是和化石燃料相同，不过生物能源是从大自然中不断吸取二氧化碳作为原料，故可成为重复循环的再生能源，能够起到抑制二氧化碳浓度增长的效果。

三、吸收温室气体

　　与减排温室气体、使用替代能源的出发点不同，考虑对温室气体的吸收和利用，是减轻温室效应，为地球降温的另外一种思路。对温室气体的吸收和利用，是从技术的角度来考虑如何把温室气体控制住，使其不产生温室效应。当然，保护森林和植被、植树造林的活动，对于吸收二氧化碳等温室气体，对于改善自然生态环境，是更具有普遍意义的方法。

　　目前，全球最公认的降低二氧化碳排放方法是 CCS（碳捕捉及封存技术）。该技术要求首先对燃煤发电中产生的二氧化碳进行捕捉和收集，这与能源行业及其他工业活动中，在高压下收集浓缩二氧

化碳气流的方法非常类似。

二氧化碳的收集有 3 种方式：后燃烧系统、预燃烧系统和加氧燃烧。操作条件决定收集方式。后燃烧收集碳的技术同现已大规模用于天然气分离二氧化碳的技术相似；预燃烧收集碳技术现已大规模应用于生产氢气；加氧燃烧收集二氧化碳的技术还处于示范阶段。

收集到的二氧化碳必须运送到一个合适的场所进行封存。在技术层面上，使用管线或者船舶就可以运送二氧化碳，而二氧化碳在 30℃和 5 个大气压条件下就可以保持液态。二氧化碳存储方式又分成 4 种：一是通过化学反应将二氧化碳转化成固体无机碳酸盐；二是工业直接应用，或作为多种含碳化学品的生产原料；三是注入海洋 1000 米深处以下；四是注入地下岩层。第四种方式最具潜力，向地层深处注入二氧化碳的技术，在很多方面与油气工业已开发成功的技术相同，有些技术从 20 世纪 80 年代末就开始使用了。

人们对二氧化碳的捕捉及封存已经积累了大量经验，比如，利用二氧化碳提高采油技术已广泛应用于美国二叠纪盆地、加拿大的韦伯恩油田和挪威的斯雷普纳等油田。CCS 技术用于燃煤电站的主要基础设备也能够在工业上进行生产，但完整的技术系统还没有，现在需要的是大型 CCS 示范项目为未来发展铺平道路。同时，政策上的支持对这种技术的推广也非常必要。

另外，日本学者提出在吸收剂中使用沸石对火力发电中排出的二氧化碳做物理式吸收，或者使用胺化学溶剂进行化学吸收。美国学者提出向海中施铁，使海生植物大量繁殖，从而实现大量吸收二氧化碳的目的，也都是降低二氧化碳含量的思路和方法。

　　除了考虑通过技术手段来实现对碳的捕捉、封存，以及吸收，依靠植物吸收二氧化碳，是被最广泛认为行得通的降低温室效应的方法。

　　植物的光合作用是地球上规模最大的吸收二氧化碳的过程，因为植物的基本生理过程之一是光合作用。今天，以热带雨林为主的全球森林，正在遭到人为持续不断的急剧破坏。由于森林破坏而被释放到大气中的二氧化碳，其数量相当可观。因此，保护原始森林，停止当前这种毫无节制的森林破坏行为，是扭转温室气体不断增多趋势的不二途径。另一方面，实施大规模的植树造林，培植草原，搞好城市绿化也是减少大气中二氧化碳的重要手段。

链接：这样来减缓全球变暖

　　2009 年 4 月 9 日，美国总统科学顾问约翰·霍尔德伦提出了一个大胆计划，提议向平流层发射污染颗粒使阳光偏离应对全球气候变暖。据称，美国总统奥巴马正在考虑这一法案。

　　霍尔德伦原是哈佛大学气候和能源方面的物理学家，2009 年初出任白宫科技政策办公室主任。他认为如果全球气候变暖趋势依旧不能得到有效遏制，那么只能出此下策。他说："我们还得对这个方案进行仔细研究，如果别的办法不管用，那么我们别无选择。"

　　霍尔德伦的设想是：向平流层发射二氧化硫颗粒和氧化铝灰尘，或是特别设计的喷雾剂。平流层是高层大气，距地面 16～50 千米。他希望通过这种人工手段，在阳光被吸收前反射回太空，使地球温度下降。可以通过海军炮艇、火箭和高空飞机，甚至热气球向空中发射污染颗粒。

霍尔德伦承认，这一方案可能具有很严重的副作用，并不能彻底解决因温室气体排放量飙升导致的一切问题。但是，霍尔德伦坚持认为，应对全球气候变化必须采取强有力的措施，他还打了个形象的比方，将当前气候变暖趋势比作是"雾天驶向悬崖边的汽车，更糟糕的是，汽车的刹车还坏了"。

科学界普遍反对如此大规模地人为改变环境。反对者担心，破坏地球大气层本就脆弱的平衡可能会带来比全球气候变暖更严重的后果。霍尔德伦认为，人类不能再这样无所作为地等下去了，否则，后果不堪设想。他简要介绍了几个有关气候变化的快速迫近的"引爆点"，如北极地区海冰在夏季彻底消失。他说，一旦发生这样的灾难，那么将增大"真正令人无法容忍的后果"的可能性。

霍尔德伦还提出开发"人造树"对抗全球变暖趋势。"人造树"可以从大气中吸收二氧化碳（人类活动产生的最主要温室气体）并储存起来。根据霍尔德伦的描述，这种人造树看上去像挂着百叶窗的门桩，与植物光合作用的功能一样，可以从空气中吸收二氧化碳。问题是，这一设想似乎一开始投入太大，且还停留在设计阶段，不过，霍尔德伦仍认为是可行的。

第三章　酸雨污染

　　蒸汽机的问世将人类社会牵引进工业文明，亿万吨煤炭的燃烧维持社会生产和生活的运转。但煤含有的杂质硫，在燃烧中会转变为酸性气体二氧化硫；燃烧产生的高温还使空气中的氧气与氮气化合，形成硝酸类气体。它们在高空中不断积累，并为雨雪冲刷，溶解，最终形成酸雨。纯粹、中性的雨水中溶解了大气中的二氧化硫等酸性气体，表现出明显的酸性，即成为酸雨。

　　1872 年，英国科学家史密斯发现伦敦雨水呈酸性，首先提出"酸雨"这一专有名词。现在，世界上形成了欧洲、北美和中国三大酸雨区。

第一节　酸雨污染概述

　　酸雨是雨、雾、露、霜、雪、雹等与煤、石油等矿物燃料燃烧时排入空中的碳氧化物、硫氧化物、氮氧化物相结合，形成稀释的碳酸、硫酸、硝酸，使雨雪的酸碱度下降。现在"酸雨"一词已用来泛指酸性物质以湿沉降（雨、雪）或干沉降（酸性颗粒物）的形式从大气转移到地面上。酸雨中绝大部分是硫酸和硝酸，主要来源于人类广泛使用化石燃料向大气排放了大量的二氧化硫和氮氧化物。

欧洲是世界上一大酸雨区，由于欧洲地区土壤缓冲酸性物质的能力弱，酸雨使欧洲30%的林区因酸雨的影响而退化。在北欧，由于土壤自然酸度高，水体和土壤酸化都特别严重，有些湖泊的酸化导致鱼类灭绝。美国和加拿大东部也是一大酸雨区。美国国家地表水调查数据显示，酸雨造成了75%的湖泊和大约一半的河流酸化。加拿大政府估计，加拿大43%的土地（主要在东部）对酸雨高度敏感，有14000个湖泊是酸性的。亚洲的酸雨主要集中在东亚，其中我国南方是酸雨最严重的地区，成为世界上又一大酸雨区。

一、酸雨的出现

酸雨是大气受污染的一种表现，因最早引起注意的是酸性的降雨，所以习惯上统称为酸雨。

纯净的雨雪在降落时，空气中的二氧化碳会溶入其中形成碳酸，因而具有一定的弱酸性。空气中的二氧化碳浓度一般在3.16/10000左右，这时降水的pH值可达5.6。这是正常的现象，不是我们通常所说的酸雨。

我们所讲的酸雨是指由于人类活动的影响，使得pH值降低至5.6以下的酸性降水。随着近现代工业化的发展，这样的降水开始出现，并且逐年增多。它已经开始影响到人类赖以生存的环境以及人类自己了。

古代的雨雪酸度没有记载，对大约180年前的格陵兰岛积冰的测定表明，那时降雪的pH值为6.0~7.6之间。

20世纪50年代以前，世界上降水的pH值一般都大于5.0，少

数工业区曾降酸雨。从 20 世纪 60 年代开始，随着工业的发展和矿物燃料消耗的增多，世界上一些工业发达地区（如北欧南部和北美东部）降水的 pH 值降到 5.0 以下，而且范围不断扩大，生态系统受到了明显的伤害。

1872 年英国科学家史密斯分析了伦敦市雨水成分，发现它呈酸性，且农村雨水中含碳酸铵，酸性不大；郊区雨水含硫酸铵，略呈酸性；市区雨水含硫酸或酸性的硫酸盐，呈酸性。他在其《空气和降雨：化学气候学的开端》一书中首先使用了"酸雨"这一术语，指出降水的化学性质受到燃煤和有机物分解等因素的影响，也指出酸雨对植物和材料是有害的。

20 世纪 50 年代中期，美国水生生态学家戈勒姆进行了一系列研究工作，揭示了降水的酸度同湖水和土壤酸度之间的关系，并指出降水酸度是矿物燃料燃烧和金属冶炼排出的二氧化硫造成的。但是，他们的工作都没有引起人们的注意。

北欧国家瑞典和挪威渔业在 20 世纪 50 年代初减产，但一直搞不清楚原因，直到 1959 年，挪威科学家才揭示元凶是酸雨。欧洲大陆工业排放大量酸性气体，随高空气流飘到北欧，被雨雪冲刷，所形成酸雨使湖泊酸化，导致渔业减产。

20 世纪 60 年代，欧洲建立了欧洲大气化学监测网，继而发现 pH 值低于 4.0 的酸雨地区，集中于地势较低地区，如荷兰、丹麦、比利时等。瑞典土壤学家奥登首先对湖沼学、农学和大气化学的有关记录进行了综合性研究，发现酸性降水是欧洲的一种大范围现象，降水和地面水的酸度正在不断升高，含硫和含氮的污染物在欧洲可以迁移上千千米。奥登的研究证实了欧洲大陆存在大面积酸雨，酸雨问题是洲级区域环境问题。

1972 年瑞典政府向联合国人类环境会议提出一份报告：《穿越国界的大气污染：大气和降水中的硫对环境的影响》，引起各国政府关注，1973～1975 年欧洲经济合作与发展组织开展了专项研究，证实酸雨地区几乎覆盖了整个西北欧。1974 年和以后北美证实在美国东北部和与加拿大交界地区亦发现大面积酸雨区域，几乎北美有 2/3 陆地面积受到酸雨威胁，甚至在美国夏威夷群岛的迎风一侧，也出现酸雨。再后，东南亚日本、韩国等亦发现大面积酸雨。有位科学家到杳无人烟，且长年冰封雪盖的格陵兰岛，给冰层打钻，取出 180 年前的冰块，与现在的酸度相比，酸度增长了 99 倍。至此世人公认酸雨是当前全球性重要区域环境污染问题之一。

1975 年 5 月，在美国俄亥俄州立大学举行了第一次国际酸性降水和森林生态系统讨论会。1982 年 6 月在瑞典斯德哥尔摩召开了国际环境酸化会议。1986 年 5 月，在肯尼亚首都内罗毕召开的第三世界环境保护国际会议上，专家们认为，酸雨现象正在发展，它已成为严重威胁世界环境的十大问题之一。

二、酸雨率、酸雨区、两控区

判断某个地区受酸雨污染的程度，会有一些相应的指标，酸雨率就是其中一个。对于一个地区而言，一年之内可降若干次雨，有的是酸雨，有的不是酸雨，因此一般称某地区的酸雨率为该地区酸雨次数除以降雨的总次数。其最低值为 0%，最高值为 100%。如果

有降雪，当以降雨视之。有时，一个降雨过程可能持续几天，所以酸雨率应以一个降水全过程为单位，即酸雨率为一年出现酸雨的降水过程次数除以全年降水过程的总次数。

根据一个地区的酸雨率，以及年均降水 pH 值的大小，可以判断一个地区是否为酸雨区，以及受酸雨污染的严重程度。某地收集到酸雨样品，并不能说明该地区即为酸雨区，因为一年中可有数十场雨，某场雨可能可能是酸雨，某场雨可能不是酸雨，所以要看年均值。我国目前划分酸雨区使用的是"五级标准"，即年均降水 pH 值高于 5.65，酸雨率是 0%～20%，为非酸雨区；pH 值在 5.30～5.60 之间，酸雨率是 10%～40%，为轻酸雨区；pH 值在 5.00～5.30 之间，酸雨率是 30%～60%，为中度酸雨区；pH 值在 4.70～5.00 之间，酸雨率是 50%～80%，为较重酸雨区；pH 值小于 4.70，酸雨率是 70%～100%，为重酸雨区。

我国目前主要是有三大酸雨区，包括：

（1）华中酸雨区。目前它已成为全国酸雨污染范围最大、中心强度最高的酸雨污染区。

（2）西南酸雨区。是仅次于华中酸雨区的降水污染严重区域。

（3）华东沿海酸雨区。它的污染强度低于华中、西南酸雨区。

为了控制酸雨污染，将一些地区确定为酸雨控制区；为了控制造成酸雨污染的二氧化硫气体排放，将一些地区确定为二氧化硫控制区。酸雨控制区和二氧化硫控制区就是环境保护术语中经常提到的两控区。

酸雨控制区应包括酸雨污染最严重地区及其周边二氧化硫排放

量较大地区。有关研究结果表明，降水 pH 值≤4.9 时，将会对森林、农作物和材料产生损害。西方发达国家多将降水 pH 值≤4.6 作为确定受控对象的指标。在我国酸雨污染较严重的区域内，包含一些经济落后的贫困地区，这些地区目前还不具备严格控制二氧化硫排放的条件。基于上述考虑，并结合我国社会发展水平和经济承受能力，确定酸雨控制区的划分基本条件为（国家级贫困县暂不划入酸雨控制区）：

（1）现状监测降水 pH 值≤4.5；

（2）硫沉降超过临界负荷；

（3）二氧化硫排放量较大的区域。

我国二氧化硫污染主要集中于城市，污染的主要原因是局部地区大量的燃煤设施排放二氧化硫所致，受外来源影响较小，控制二氧化硫污染主要控制局部地区的二氧化硫排放源。二氧化硫年平均浓度的二级标准是保护居民和生态环境不受危害的基本要求，而二氧化硫日平均浓度的三级标准是保护居民和生态环境不受急性危害的最低要求。因此，二氧化硫污染控制区的划分基本条件确定为：

（1）近年来环境空气二氧化硫年平均浓度超过国家二级标准；

（2）日平均浓度超过国家三级标准；

（3）二氧化硫排放量较大；

（4）以城市为基本控制单元。

国家级贫困县暂不划入二氧化硫污染控制区。酸雨和二氧化硫污染都严重的南方城市，不划入二氧化硫控制区，划入酸雨控制区。

三、酸雨的成分及形成过程

酸雨中含有多种无机酸和有机酸，绝大部分是硫酸和硝酸，多数情况下以硫酸为主。美国测定的酸雨成分中，硫酸占60%，硝酸占32%，盐酸占6%，其余是碳酸和少量有机酸。硫酸和硝酸是由人为排放的二氧化硫和氮氧化物转化而成的，二氧化硫和氮氧化物可以是当地排放的，也可以是从远处迁移来的。

现代工农业和交通排放大量的、种类繁多的污染物到空气中，其中，煤和石油燃烧以及金属冶炼等释放到大气中的二氧化硫，通过气相或液相氧化反应生成硫酸。高温燃烧生成一氧化氮，排入大气后大部分转化成为二氧化氮，遇水生成硝酸和亚硝酸。

由于人类活动和自然过程，还有许多气态或固体物质进入大气，对酸雨的形成也产生影响。大气颗粒物中的铁、铜、镁、钒是成酸反应的催化剂。大气光化学反应生成的臭氧和过氧化氢等又是使二氧化硫氧化的氧化剂，飞灰中的氧化钙、土壤中的碳酸钙、天然和人为来源的氨气以及其他碱性物质可与酸反应而使酸中和。

酸雨中含有一定浓度的盐类，来自于降水过程中被冲刷的正漂浮在大气中的酸碱物质比例。此种盐类的成分与该地区的排放源性质有关，有点像反映地区排放特点的"指纹"，被称作降水化学。我国南方降水化学中硫酸根浓度较高，平均是德国的4.5倍，美国的5.5倍；硫酸根与硝酸根之比是德国的7.0倍，我国南方酸雨属于硫酸型的，主要由煤烟型大气污染造成的；美国和德国降水是硝酸型的，主要由汽车尾气型大气污染造成的。

　　酸雨成分中硫酸和硝酸的比例也不是一成不变的，它是随着社会发展和工业生产中能源结构的变化而改变。就我国情况而言，目前二氧化硫排放量比氮氧化物排放量要大，所以酸雨中的硫酸多于硝酸。但是个别的南方省市，如广东、福建等省，二氧化硫的排放量比氮氧化物的排放量要小，且从发展的角度考虑，汽车数量在我国增加较快，而汽车尾气的排放主要是增加氮氧化物的排放量，因此，在未来的若干年内，可能出现氮氧化物排放量超过二氧化硫排放量的情况，到时候，酸雨中的硝酸就会占有较高的比例。

　　酸雨的形成是一种复杂的大气化学和大气物理现象。空气中存在着各种酸性、碱性、中性的气体和颗粒物，而最终降水的酸度就是降水中的主要阴阳离子的平衡。当大气中二氧化硫和一氧化氮的浓度较高时，降水中就会表现为酸性；如果降水中代表碱性物质的几个主要阳离子浓度也较高时，降水就不会有很高的酸度，甚至可能呈现碱性。在碱性土壤地区，或大气中颗粒物浓度高时，往往出现这种情况。相反，即使大气中二氧化硫和一氧化氮浓度不高，而碱性物质相对更少时，则降水仍然会有较高的酸度。

　　另外，二氧化硫进入大气后，通过光化学反应，变为硫酸根，这需要一段时间，二氧化硫扩散到很远的地方，因此，硫酸型酸雨的形成可以是本地二氧化硫污染引起的，也可以是别处的二氧化硫污染引起的；一氧化氮进入大气后，很快与氧气化合，生成二氧化氮，继而变为硝酸根，需要时间较短，因此，硝酸性酸雨的形成主要是本地的氮氧化物污染引起的。

　　酸雨的形成过程，是从工业生产、民用生活燃烧煤炭、汽车尾气排放出二氧化硫、氮氧化物开始的。之后经过"云内成雨过程"，自由大气里由于存在 0.1 ~ 10 微米范围的凝结核而造成了水蒸气的凝结，然后通过碰并和聚结等过程进一步生长从而形成云滴和雨滴在云内，云滴相互碰并或与气溶胶粒子碰并，同时吸收大气中气体污染物，在云滴内部发生化学反应，形成硫酸雨滴和硝酸雨滴。再经过"云下冲刷过程"，在雨滴下降过程中，雨滴冲刷着所经过空气中的气体和气溶胶，不断合并吸附、冲刷其他含酸雨滴和含酸气体，形成较大雨滴，雨滴内部也会发生化学反应。最终，雨滴降落在地面上，形成了酸雨。我们可以把这个过程分解为具体的四个步骤：

（1）水蒸气冷凝在含有硫酸盐、硝酸盐等的凝结核上；

（2）形成云雾时，二氧化硫、氮氧化物、二氧化碳等被水滴吸收；

（3）气溶胶颗粒物质和水滴在云雾形成过程中互相碰撞、聚凝并与雨滴结合在一起；

（4）降水时空气中的一次污染物和二次污染物被冲洗进雨。

链接：天堂的眼泪

酸雨，被人们称作"天堂的眼泪"或"空中的死神"，具有很大的破坏力。它会使土壤的酸性增强，导致大量农作物与牧草枯死；它会破坏森林生态系统，使林木生长缓慢，森林大面积死亡；它还使河湖水酸化，微生物和以微生物为食的鱼虾大量死亡，成为"死河"、"死湖"。酸雨还会渗入地下，致使地下水长时期不能利用。

据统计，欧洲中部有 100 万公顷的森林由于酸雨的危害而枯萎死亡；意大利的北部也有 9000 多公顷的森林因酸雨而死亡。在瑞

典，2万多个湖泊因受酸雨的侵袭已无水生物生存；挪威有260多个湖泊鱼虾绝迹。1980年，加拿大有8500个湖泊全部酸化，美国至少有1200个湖泊全部酸化，成为"死湖"。

另外，酸雨还会对桥梁楼屋、船舶车辆、输电线路、铁路轨道、机电设备等造成严重侵蚀。据专家介绍，古希腊、罗马的文物遗迹风化加剧，罪魁祸首便是酸雨。在美国东部，约3500栋历史建筑和1万座纪念碑受到酸雨损害。

酸雨、尤其是酸雾会对人体健康造成严重危害。它的微粒可以侵入肺的深层组织，引起肺水肿、肺硬化甚至癌变。据调查，仅在1980年，英国和加拿大因酸雨污染而导致死亡的就有1500人。

第二节　酸雨成因及影响因素

酸雨的成因是自然活动和人类活动向大气中排放了酸性物质。其实，大气总是在接收着自然活动和人为活动排放的物质，其中有的物质是中性的，如风吹浪沫漂向空中的海盐，氯化钠、氯化钾等；有的物质是酸性的，如二氧化硫和氮氧化物及酸性尘埃（火山灰）等；有的是碱性的，如氨气及来自风扫沙漠和碱性土壤扬起的颗粒；有的本身并无酸碱性，但在酸碱物质的迁移转化中可起催化作用，如一氧化碳和臭氧；降水的pH值是它们在雨水冲刷过程中相互作用和彼此中和的结果。

降水的酸度来源于大气降水对大气中的酸性物质的吸收。空气中的二氧化碳引起的酸性是正常的。形成降水的不正常酸性的物质主要是：含硫化合物、含氮化合物、氯化氢和氯化物等等。通常形成酸雨的物质是二氧化硫和氮氧化物，这两种物质占酸雨中总酸量的绝大部分。

酸性物质的排放有自然排放和人为排放两种，两者共同导致了酸雨的形成。在较长时间内，自然排放的排放量大致不变；而人为排放量在经济社会快速发展的过程中，会出现明显的增加情况。另外，酸雨的形成不只是由酸性物质污染物的排放量决定的，它也受到一些影响因素的限制。

一、酸性物质的自然排放

由于形成酸雨的物质主要是二氧化硫和氮氧化物，所以我们在讨论酸性物质的排放中，无论是自然排放，还是人为排放，都主要指这二者的情况。

二氧化硫的自然排放大约占大气中全部二氧化硫的一半。自然排放源有四类：

（1）海洋雾沫，它们会夹带一些硫酸到空中；

（2）土壤中某些机体，如动物死尸和植物败叶在细菌作用下可分解某些硫化物，继而转化为二氧化硫；

（3）火山爆发，也将喷出数量可观的二氧化硫气体；

（4）雷电和干热引起的森林火灾也是一种自然二氧化硫排放源，因为树木也含有微量硫。

另外，煤矿或其他金属矿，如果含硫量较高的话，遇到空气可

能会发生自燃现象，也会排放出一些二氧化硫气体，也属于二氧化硫自然排放的范畴。如浙江省衢州市常山县某地地下蕴藏含高硫量的石煤，开采价值不大，但原因不明地在地下自燃数年，通过洞穴和岩缝向外排出大量二氧化硫。安徽省铜陵市铜山铜矿的矿石为富硫的硫化铜矿石，其含硫量平均为20%，最高为41.3%，在开采过程中可能发生火灾，并释放出二氧化硫。

氮氧化物的自然排放主要有三类：

（1）闪电，高空雨云闪电，有很强的能量，能使空气中的氮气和氧气部分化合，生成一氧化氮，继而在对流层中被氧化为二氧化氮；

（2）土壤硝酸盐分解，即使是未施过肥的土壤也含有微量的硝酸盐，在土壤细菌的帮助下可分解出一氧化氮，二氧化氮和一氧化二氮等气体；

（3）林火、火山活动也能产生氮氧化物。

在恐龙灭绝的众多假说中，有一种说法是，某一天，一颗彗星撞上了地球，细小的彗星雨与大气不断摩擦放电，大气中的氮气和氧气发生化合反应，形成了酸性物质氮氧化物，导致酸雨的发生，酸雨导致森林衰退，最终恐龙因为缺乏食物而饿死。

二、酸性物质的人为排放

酸性物质的自然排放，绝大多数是人类所无法控制的，并且随着社会发展，目前大气中越来越多的酸性物质都是人类活动造成的。因此，在一定意义上说，人类排放的酸性物质是形成酸雨的主要原因，这也是在治理酸雨污染的时候主要考虑改变人类的行为的原因。

化石燃料的燃烧产生大量的二氧化硫和氮氧化物，这是造成酸雨的主要原因。

近一个世纪以来，人类社会的二氧化硫排放量一直在上升，尤其是二次世界大战后上升得更快，从 1950 年到 1990 年全球的二氧化硫排放量增加了约 1 倍，目前已超过 1.5 亿吨/年。二氧化硫的排放源主要分布在北半球，产生了全部人为排放的二氧化硫的 90%。我国是燃煤大国，煤炭在能源消耗中占了 70%，因而我国的大气污染主要是燃煤造成的。我国生产的煤炭，平均含硫约为 1.1%。由于一直未加以严格控制，致使我国在工业化水平还不算高的现在就形成了严重的大气污染状况。目前我国二氧化硫排放量已达 1800 多万吨。二氧化硫排放引起的酸雨污染不断扩大，已从 20 世纪 80 年代初期的西南局部地区扩展到长江以南大部分城市和乡村，并向北方发展。全球氮氧化物的排放量接近 1 亿吨/年。其中，美国的二氧化硫年排放量和氮氧化物年排放量都是最多的，我国在二氧化硫排放上次之。

工业过程也是产生酸性物质的人为排放源。比如金属冶炼，某些有色金属的矿石是硫

大量酸性气体排向大气

化物，铜、铅、锌便是如此，将铜、铅、锌的硫化物矿石还原为金属过程中将逸出大量二氧化硫气体，部分回收为硫酸，部分进入大气。再如化工生产，特别是硫酸生产和硝酸生产中，可分别跑冒滴漏数量可观的二氧化硫和氮氧化物。再比如石油炼制等，也能产生一定量的二氧化硫和氮氧化物。

交通运输中产生的汽车尾气，现在已经发展成为一个很重要的酸性物质排放源。在汽车的发动机内，活塞频繁打出火花，这有些类似于天空中的闪电，会让空气中的氮气和氧气发生反应，生成氮氧化物，以尾气的形式排入到空气中。不同的车型，尾气中氮氧化物的浓度有所不同，机械性能差的或是使用寿命较长的发动机尾气中氮氧化物浓度较高。另外，汽车停在十字路口，不熄火等待通过时，其排放出来的尾气中氮氧化物浓度要比正常行车时高。近年来，我国各种汽车数量猛增，它的尾气对酸雨的贡献正在逐年上升，不能掉以轻心。

汽车尾气中排放的氮氧化物，和化石燃料燃烧产生的氮氧化物，是氮氧化物人为排放的最主要构成部分，两者共占全部氮氧化物人为排放量的75%，而且集中在北半球人口密集的地区。

三、酸雨形成的影响因素

酸雨的形成，受到一些影响因素的限制。其中，以大气中的氨、大气中的颗粒物、气候条件对其影响最大。这些影响因素有的对酸雨形成是促进的作用，有的对酸雨形成构成阻碍的效果；并且都对酸雨的酸度构成影响。

大气中的氨在酸雨形成中起着非常重要的作用。许多实验证明，降水 pH 值决定于硫酸、硝酸与氨气、碱性尘粒的相互关系。氨气是大气中唯一的常见气态碱。氨是大气中唯一溶于水后显碱性的气体。由于它的水溶性，能与酸性气溶胶或雨水中的酸反应，起中和作用而降低酸度。

在大气中，氨气不仅与硫酸气溶胶形成中性的硫酸铵或硫酸氢铵，而且与二氧化硫反应而使二氧化硫含量减少，避免了硫酸的生成，酸雨出现的机会也减少了。总的来说，大气中氨气浓度低且酸性污染物排放量大的地区，酸雨肯定比较严重；相反，大气中氨气含量大的地区，只会出现少数甚至不出现酸雨。

大气中氨的来源主要是有机物的分解和农田施用的氮肥的挥发。土壤的氨的挥发量随着土壤 pH 值的上升而增大。我国京津地区土壤 pH 值为 7.0 ~ 8.0 以上，而重庆、贵阳地区则一般为 5.0 ~ 6.0，这是大气氨水平北高南低的重要原因之一。土壤偏酸性的地方，风沙扬尘的缓冲能力低。这两个因素合在一起，至少在目前可以解释我国酸雨多发生在南方的分布状况。

大气中的污染物除酸性气体二氧化硫和二氧化氮外，还有一个重要成员——颗粒物。颗粒物的来源很复杂，主要有煤尘和风沙扬尘。后者在北方约占一半，在南方约占 1/3。大气颗粒物对酸雨形成的作用体现在两个方面，一是缓冲作用，二是催化作用。

大气颗粒物对酸雨的缓冲作用与颗粒物本身的酸碱性有关。如果颗粒物呈碱性或中性，就会对酸起中和作用，降低雨水的酸度；如果颗粒物本身呈酸性，就不能起到中和作用，而且还会成为酸的来源之一。国内许多研究工作表明，我国北方城市大气颗粒物浓度高，粒径大，多为碱性，对酸雨缓冲能力较强；而南方城市大气颗粒物浓度相对较低，粒径小，多为酸性，对酸雨缓冲能力较弱，这就是我国南方酸雨多而北方酸雨较少的重要原因之一。

大气颗粒物对酸雨形成的催化作用表现为，大气颗粒物所含的锰、铁、铜、钒等金属离子，通过复杂的催化氧化过程，可以加快二氧化硫的氧化反应速率，使其与氧气、水蒸气发生反应产生硫酸。

需要特别指出的是，我国的大气颗粒物浓度水平普遍很高，是国外的几倍到几十倍，因此在酸雨研究中自然不能忽视它的作用。

气候条件对酸雨的形成也有着很重要的影响。比如，高温高湿的条件有利于二氧化硫和氮氧化物转化为硫酸、硝酸，反之则会使转换速度变慢，自然也就降低了雨水的酸度。再如，风速可以影响大气中污染物的浓度。当风速大时，大气层结构不稳定，对流运动较强烈，污染物能够迅速扩散，使其浓度降低，酸雨就减弱；相反，风速小时，大气层结比较稳定，容易出现逆温现象，污染物难以扩散，积聚在低层大气中，浓度增高，导致酸雨污染加重。风向的影响则表现在大气污染源地的下风向容易出现酸雨，其上风向酸雨产生的机会大大减少。雷电不仅能使氮氧化物浓度增大，而且能加快二氧化硫和氮氧化物的氧化速度，因此，雷电多发区正是酸雨概率较大的地区。

另外，某一地区的地形是否有利于污染物的扩散、酸碱性物质的排放量和排放比例、日照时数和年降雨量等因素，也对酸雨的形成有相应的影响。

链接：清洁降水背景点

酸雨是污染造成的，为了对比，必须找一个无污染的相对干净的地区进行酸雨监测，这样的监测点就被称为清洁降水背景点。联合国有关组织分别在中国云南丽江玉龙雪山山麓、印度洋的阿姆斯特丹、北冰洋的阿拉斯加、太平洋的凯瑟琳和大西洋的百慕大群岛等地建立了内陆、海洋和海洋与内陆连接的清洁降水背景点。

我国云南丽江酸雨监测站，坐落于被人称做"香格里拉"的玉龙山侧，有先进的观测仪器设备、整洁的试验室、训练有素的环保工作人员。通过数据对比，我国酸雨区域大致属于内陆型的；其特征是酸性来源首先是硫酸根，其次是硝酸根；酸缓冲物以氨和钙离子为主。

除了联合国在我国建立的清洁降水背景点之外，为了全面了解我国南方"酸性"降水规律，我国还在相对不受污染或少受直接污染的某些地区建立了国控清洁降水背景点。一般它们选在各省深山区，但为了工作方便，也须选在交通便利地区。这些站位分布在四川、云南、贵州、湖南、安徽等省。

第三节　酸雨污染的危害

酸雨中所含的硫和氮是植物生长不可或缺的营养元素，弱酸性降水可溶解地壳中的矿物质，供动、植物吸收。然而，如果降水的酸度过高，例如 pH 值降到 5.0 以下，就会产生严重危害。我们所说的酸雨污染的危害也主要是指雨的酸度超过了适当的范畴而给世界

带来的恶劣影响。

酸雨污染的危害极大，它可以破坏植被，直接使大片森林死亡、农作物枯萎，还会对植物的新生芽叶造成伤害，从而影响其发育生长。在土壤盐基饱和度低的地区或土层薄的岩石地区，酸雨降落到地面后得不到中和，就会使土壤、湖泊、河流酸化。酸雨会抑制土壤中有机物的分解和氮的固定，淋洗与土壤粒子结合的钙、镁、钾等营养元素，使土壤贫瘠化，导致陆地生态系统的退化。酸雨可使湖泊、河流酸化，并溶解土壤和水体底泥中的重金属进入水中，毒害鱼类，造成水生生态失衡，并对饮用者的健康产生有害影响。酸雨会加速建筑物和文物古迹的腐蚀和风化过程，酸雨腐蚀建筑材料、金属结构、油漆等，古建筑、雕塑像也会受到损坏。当然，酸雨污染还会影响人体的健康。

酸雨污染已经对包括我国在内的整个世界构成了巨大的危害。

一、酸雨对森林的危害

酸雨会对森林植物产生很大危害。酸雨损伤树叶，阻碍植物的光合作用、使树叶枯黄脱落。全欧洲约有 14% 的森林受酸雨危害，德国高达 50%。德国人常自豪地称自己的国家为"黑森林王国"，可是由于酸雨肆虐，现在黑森林已变成了黄森林，墨绿的树叶泛黄脱落，好多树冠完全脱光，只剩下光秃秃的树枝，在凄风苦雨中呻吟挣扎。所以，德国人把酸雨称作"绿色的鼠疫"。美国的世界观察研究所在一份研究报告中指出，因酸雨引起的世界范围的森林毁灭，就木材的损失估计，每年超过 100 亿美元。

根据国内对 105 种木本植物影响的模拟实验，当降水 pH 值小于

3.0时，可对植物叶片造成直接的损害，使叶片失绿变黄并开始脱落。叶片与酸雨接触的时间越长，受到的损害越严重。野外调查表明，在降水 pH 值小于 4.5 的地区，马尾松林、华山松和冷杉林等出现大量黄叶并脱落，森林成片地衰亡。例如重庆奉节县的降水 pH 值小于 4.3 的地段，20 年生马尾松林的年平均高度生长量降低 50%。重庆南山风景区约 3 万亩马尾松发育不良，虫害频繁；20 世纪 80 年代约有 1 万公顷马尾松枯死，几经防治，毫无效果。四川万县有华山松 97 万亩，其中 60 万亩受到不同程度伤害；而奉节县有 9 万亩华山松，90% 枯死。四川名胜峨眉山，风景绮丽，全靠山深林秀。但近 10 年来，冷杉林成片死亡；七里坡接引殿一带，有 4% 的树木枯死；金顶附近 600 亩树林几乎全部死绝，光秃秃的，景观全非。

酸雨使树木枯死

酸雨对森林的影响，在很大程度上是通过对土壤的物理化学性

质的恶化作用造成的。在酸雨的作用下，土壤中的营养元素钾、钠、钙、镁会释放出来，并被雨水淋溶掉。所以长期降酸雨会使土壤中大量的营养元素流失，造成土壤中营养元素的严重不足，从而使土壤变得贫瘠。此外，酸雨还能使土壤中的铝从稳定态中释放出来，使活性铝增加而有机络合态铝减少。土壤中活性铝的增加，会严重地抑制林木的生长。

酸雨会抑制某些土壤微生物的繁殖，降低酶活性。土壤中的固氮菌、细菌和放线菌等也明显受到酸雨的抑制。酸雨还可使森林的病虫害明显增加。在四川，重酸雨区的马尾松林的病情指数为无酸雨区的 2.5 倍。

酸雨对我国森林的危害主要是在长江以南的省份。根据初步的调查统计，四川盆地受酸雨危害的森林面积最大，约为 28 万公顷，占有林地面积的 32%。贵州受害森林面积约为 14 万公顷。根据有关研究显示，仅西南地区由于酸雨造成森林生产力下降，共损失木材 630 万立方米，直接经济损失达 30 亿元。对南方 11 个省的估计，酸雨造成的直接经济损失可达 44 亿元。

现在大多数专家认为，森林的生态价值远远超过它的经济价值。虽然对森林的生态价值的计算方法还有一些争议，计算出来的数字还不能得到社会的普遍承认，但森林的生态价值超过它的经济价值，这一点，几乎已达成共识。根据计算结果，森林的生态价值是它的经济价值的 2~8 倍。如果按照这个比例来计算，酸雨对森林危害造成的经济损失是极其巨大的。

二、酸雨对湖泊的污染

湖泊的底部基岩一般是碳酸盐，会以碳酸氢盐的形态慢慢溶入湖水中，另外，有的湖泊中还含有一些有机碱，所以，湖水呈现为一定的弱碱性或中性。在酸性物质进入到湖泊中以后，会逐渐中和掉水体中的碱性离子。因此，水体碱度大，酸中和能力就大，其对酸性物质的缓冲能力就大，可容纳更多额外增加的酸。

如果某一地区的酸雨污染比较严重，就会有源源不断的酸性物质落入到湖泊中，总会有所有的碱性物质都被中和完了的时候，这时湖泊中继续增加酸性物质，就说是发生了湖泊酸化。如果说一个湖泊的碱性被酸性物质中和还是一个缓慢的过程，需要数年的时间，那么，在碱性物质被中和完以后，湖泊的酸化就发生得很快，可能一年之内就会发生酸化。

湖水 pH 值在 6.5～9.0 之间的中性范围时，对鱼类无害；在 5.0～6.5 之间的弱酸性时，鱼卵难以孵化，鱼苗数量减少；当湖水 pH 值低于 5.0 时，流域内的土壤和水体底泥中的金属（例如铝）就会被溶解进入水中，毒害鱼类，使其繁殖和发育受到严重影响，大多数鱼类不能生存。因此，湖泊酸化会引起鱼类死亡。相对于忍耐湖水酸化的能力而言，虾类比鱼类更差，在已酸化的湖泊中，虾类要比鱼类提前灭绝。

草本食物是一些鱼、虾类生活的基础。湖水酸化，水生生物种群将减少，例如某湖酸化后，绿藻从 26 种减至 5 种；金藻由 22 种减至 5 种；蓝藻由 22 种减至 10 种。俗语说，大鱼吃小鱼，小鱼吃虾米，虾米吃滋泥，其实滋泥中就含有大量水生生物；鱼虾离开了水草和水生生物，好比鸟兽离开了森林。因此，从生态食物链角度来看，湖泊酸化，也将使鱼虾难以生存。

另外，水体酸化还会导致水生生物的组成结构发生变化，耐酸的藻类、真菌增多，而有根植物、细菌和无脊椎动物减少，有机物的分解率降低。因此，酸化的湖泊、河流中鱼类减少。例如美国东部阿迪朗达克山区，海拔 700 米以上的湖泊，目前半数以上湖水 pH 值在 5.0 以下，90% 已无鱼。而在 1929～1937 年间，只有 4% 的湖泊是无鱼的。现在瑞典 18000 多个大中型湖泊已经酸化，其中约 4000 个酸化严重，水生生物受到很大伤害。加拿大有 5 万个湖泊正面临成"死湖"的危险。环保专家认为，在未来 20～50 年内，全美湖泊的酸度将增加 5～10 倍。

三、酸雨对农作物的影响

酸雨可导致土壤酸化，酸化的土壤肥力减退，会导致农业减产。日本的调查表明，酸雨使某些谷类农作物减产 30%。在美国，酸雨使农作物每年损失 10 多亿美元。据我国农业部门统计，全国受酸雨侵害的农田达 530 万公顷，每年损失粮食 63 亿千克。

土壤中含有大量铝的氢氧化物，土壤酸化后，可加速土壤中含铝的原生和次生矿物风化而释放大量铝离子，形成植物可吸收的形态的铝化合物。植物长期和过量地吸收铝，会中毒，甚至死亡。

酸雨会加速土壤矿物质营养元素的流失；改变土壤结构，导致土壤贫瘠化，影响植物正常发育；酸雨还能诱发植物病虫害，使作物减产。

酸雨可使土壤微生物种群变化，细菌个体生长变小，生长繁殖速度降低。如分解有机质及其蛋白质的主要微生物类群芽孢杆菌、极毛杆菌和有关真菌数量降低，会影响土壤中营养元素的良性循环，给农业生产带来危害。酸雨可降低土壤中氨化细菌和固氮细菌的数量，使土壤微生物的氨化作用和硝化作用能力下降，对农作物大为不利。

1982年6月18日，重庆下了一场pH值为3.9的强酸雨，某乡上万亩水稻叶片迅速变成赤色。这场灾害使水稻的产量损失40万千克。

酸雨对农作物的伤害可以分为急性伤害和慢性伤害两种。急性伤害，通常是指农作物与强酸雨或高浓度二氧化硫等污染物接触，其叶片在短时间（1~3天）内出现细胞死亡，其严重者出现枯叶、枯枝、枯梢和枯株。这种情况只在实验室和土法炼硫窑附近见过。慢性伤害，一般系指农作物长期与弱酸雨或低浓度的二氧化硫污染物接触，其叶色失绿或色素变化，破坏作物细胞正常代谢活动，导致细胞死亡，其可见伤害症状为过早落叶等。一般酸雨地区或二氧化硫长期超标地区内，会发生这种情况，这也是大面积农作物减产的原因。

酸雨对农业的影响大小，还与酸雨发生地的土壤酸碱度、种植的不同农作物的耐酸性有关。

以我国为例，酸雨对南方农业收成的影响大于对北方的影响。这是因为我国南方土壤本来多呈酸性，再经酸雨冲刷，加速了酸化过程；而北方土壤呈碱性，对酸雨有较强缓冲能力。

科学家对不同农作物对酸性物质的耐受能力做过实验，他们在实验室内用一定剂量的二氧化硫去熏不同农作物，一段时间之后，不同农作物所受到的伤害完全不同，因此，科学家把农作物分为敏感性农作物、中等敏感性农作物和抗性农作物 3 类：敏感农作物有大麦、棉花、大豆、菠菜、胡萝卜和辣椒等；中等抗性农作物为小麦、菜豆、花生、黄瓜、油菜和番茄等；抗性农作物为水稻，玉米和马铃薯等。

以蔬菜为例，在 pH 值为 3.5 的高酸性环境里，酸敏感蔬菜番茄、芹菜、豇豆和黄瓜产量可下降 20%；而有中等敏感性的生菜、四季豆和辣椒产量下降 10% ~ 20%；抗酸性较强的青椒、甘蓝、小白菜、菠菜和胡萝卜的产量下降低于 10%。

四、酸雨对建筑物的影响

酸雨对建筑物有多方面的危害：腐蚀建筑外墙外露构件油漆、石材幕墙、外墙砂浆和灰砂砖，使混凝土碳化，使金属结构锈蚀。特别是许多以大理石和石灰石为材料的历史建筑物和艺术品，耐酸性差，容易受酸雨腐蚀和变色。

酸雨降下时，大理石中的碳酸钙会和含有二氧化硫的酸雨会发生化学反应，化学反应产生硫酸钙，部分硫酸钙会进入大理石粒状间的缝隙，以结壳形式沉积于大理石的表面，然后逐渐脱落，所以大理石的建筑物最怕遇到酸雨。

除了大理石的建筑物以外，镀金顶的建筑物或是置于室外的青铜艺术品等，也是酸雨喜欢侵蚀的对象。酸雨打在含金属性质的建筑物和艺术品表面时，氧可以在金属表面轻易取得电子而发生化学反应，金属表面因而不断被氧化，逐渐被腐蚀。

受酸雨损坏的文物古迹

酸雨严重的地区，古迹损坏速度正在加快。希腊帕提侬神庙的女神像，由于酸雨淋蚀，女神一个个变得污头垢面，衣衫褴褛。最近 40 多年来，雅典因酸雨污染造成的珍贵文物损失，比过去 400 年的总和还要多。意大利罗马 44 米高的古文物特拉扬石柱，上面雕刻了 2500 个形态各异的人像，在酸雨的淋蚀下，群雕变得模糊难辨。古希腊和古罗马的许多古迹，均以大理石为建筑材料，其主要成分是碳酸钙，当酸雨降落时，其表层碳酸钙变成硫酸钙或硝酸钙，脆裂剥落。埃及金字塔和狮身人面像，自从进入 20 世纪以来，已被酸雨侵蚀得弱不禁风，柬埔寨吴哥寺、意大利威尼斯城、印度泰姬陵、英国圣保罗大教堂等珍贵的历史遗迹，如今都难以抵挡酸雨袭击。50 多年前，我国北京故宫太和殿台阶拉杆及其石柱上的浮雕，花纹清晰，现已模糊不清，有些甚至失去造型轮廓。

五、酸雨对人体健康的影响

当空气中存在酸性物质时，就会对人体的健康构成伤害。比如，空气中的二氧化硫浓度如果达到 400 毫克/升时，就会置人于死地。而硫酸雾和硫酸盐雾的毒性比二氧化硫的毒性要高 10 倍，其微粒可侵入人体的深部组织，引起肺水肿和肺硬化等疾病而导致死亡。当空气中含 0.8 毫克/升硫酸雾时，就会使人难受而致病。1952 年冬，伦敦发生"杀人烟雾"事件，死亡 4000 人，生病者更是不计其数，其罪魁祸首就是酸雾。

一般来说，人体的耐酸能力高于耐碱能力，如经常用弱碱性洗衣粉洗衣服，不带手套，手就会变得粗糙，皮革工人经常接触碱液，也有类似情况；但皮肤角质层遇酸就好一些。可是，眼角膜和呼吸道黏膜对酸类却十分敏感，酸雨或酸雾对这些器官有明显刺激作用，导致人患上红眼病和支气管炎，咳嗽不止，尚可诱发肺病。尤其是对于一些体质比较弱的人来说，要特别提防酸雾，因为它可以被吸入体内，对呼吸道黏膜会造成损害，引起呼吸道疾病。

人的皮肤也会受到酸雨的伤害。当下比较小的雨的时候，很多人都不打伞在雨中漫步，这在酸雨区的话是非常错误的。有专家指出，人体的不断老化，其实就是一个被氧化的过程；而酸雨中含有强氧化剂，会加速皮肤老化。另外，酸雨落到人的头上，还可能会导致脱发的发生。

以上还都是酸雨对人体的直接伤害，酸雨对人体造成的间接伤害更为严重。河水中的有毒金属如汞、铅等由于酸雨的作用而被引入食物链危害人体。儿童因饮用酸化的水而导致腹泻。曾有科学家认为，酸雨可导致癌症、肾病和先天性缺陷患者大量增加。饮用酸化的地面水和由土壤渗入金属含量较高的地下水，食用酸化湖泊和河流的鱼类对人体健康可能产生危害。

在一般情况下，金属铝牢固地包裹在土壤中，不被水溶解。但酸雨使土壤中金属铝活化，以离子形式或其他易溶物形式流入江河湖海，对淡水鱼产生危害，人食用后也有危害。在酸化的地下水中铝、铜、锌和镉的浓度常常比中性地下水高1~2个数量级，饮用水管道被酸性地下水腐蚀，将进一步使铝、铜、锌、镉等溶入水中，在人体积聚有害重金属。

链接：无处不在的酸雨污染

地球的南极和北极，终年冰雪，罕见人至，但20世纪80年代，挪威科学家在北极圈内大面积地区都测到酸雨（酸雪）。哪儿来的？他们认为是苏联南部工业区排放的大气酸性物质，随气流飘移了几千千米到达此地。后来在南极地区也有人曾收集到pH为5.5的酸性降水。这些酸性降水所含的酸性物质，可能来自更远的距离。看来，酸雨不但没有国界，也没有洲界。

1998年上半年，我国南极长城站八次测得南极酸性降水，其中一次pH值为5.46。有趣的是，当刮偏南风或偏东风时，南极大陆因为没有人为排放，大气是新鲜的，所以测得降水的都接近于中性；当刮西北风时，来自南美洲和亚太地区的大气污染物将吹到我国南极站所处的南极半岛，遇到降水，形成酸雨。这说明南极也不是"净土"。

酸雨给人类敲响了警钟。20世纪90年代科学家又在冰雪世界的南极和北极收集到了含有有毒农药成分的"毒雪"。"毒雪"形成与酸雨或酸雪形成过程极为相似：也是人类活动，使用人造的农药到田间，杀虫增产，但农药却进入了环境；也是通过大气远程传输；也是在高空中，污染物被雨雪冲刷；也是最终降落地面，危害人类。由"酸雨"，发展到"毒雪"，如此严重的环境恶化趋势，能不令人类反省吗？

第四节　治理酸雨污染

我们知道，矿物燃料燃烧排放出来的二氧化硫、氮氧化物以及它们的盐类，都是形成酸雨的主要原因。因此，减少硫氧化物和氮氧化物的排放量，是防止酸雨污染的主要途径。

治理酸雨污染的主要思路和措施是：尽量使用无污染的清洁能源，需要使用化石燃料的情况下，尽量选择含硫量较低的品种；在化石燃料使用前、使用过程中、使用后都进行酸性物质的去除和控制技术；对酸雨造成的污染进行修复，进行国际合作，缔结国际公约，全世界共同应对酸雨污染。

一、减少污染源

调整能源结构，增加无污染或少污染的能源比例，发展太阳能、核能、水能、风能、地热能等，是从源头上减少酸雨污染的措施。

风能是一种清洁能源，我国风能资源总量为 16 亿千瓦，约有 10%可供开发利用；特别是内蒙古、新疆、青海、甘肃等省区风能丰富，可用风能发电，目前风能的利用率处于非常低的水平，有很大的发展空间。

太阳能也是一种清洁能源，太阳能有两种利用途径：一种通过光电池把太阳辐射转化为电能，常见的利用途径是太阳能电池；另外一种通过太阳能集热器把太阳辐射转化为热能，最简单的就是居家使用的屋顶热水器。与传统电厂相比，太阳能热电厂具有两大优势：整个发电过程清洁，没有任何碳排放；利用的是太阳能，无需任何燃料成本。太阳能热发电还有一大特色，那就是其热能储存成本要比电池储存电能的成本低得多。但价格是影响太阳能热发电推广的一大障碍。

潮汐能是指月球、太阳对地球的引力变化引起潮汐现象，即周期性的海水平面升降，因海水涨落及潮水流动而产生的能量。海洋的潮汐中蕴藏着巨大的能量。在涨潮的过程中，汹涌而来的海水具有很大的动能，而随着海水水位的升高，就把海水的巨大动能转化为势能；在落潮的过程中，海水奔腾而去，水位逐渐降低，势能又转化为动能。潮汐能的利用方式主要是发电。潮汐发电是利用海湾、河口等有利地形，建筑水堤，形成水库，以便于大量蓄积海水，并在坝中或坝旁建造水力发电厂房，通过水轮发电机组进行发电。只有出现大潮，能量集中时，并且在地理条件适于建造潮汐电站的地方，从潮汐中提取能量才有可能。虽然这样的场所并不是到处都有，但世界各国都已选定了相当数量的适宜开发潮汐电站的站址。

地热能是由地壳抽取的天然热能，这种能量来自地球内部的熔岩，并以热力形式存在。地球内部的温度高达7000℃，而在130～160千米的深处，温度会降至650℃～1200℃。透过地下水的流动和熔岩涌至离地面1～5千米的地壳，热力得以被转送至较接近地面的地方。地热可应用于发电。地热发电和火力发电的原理是一样的，都是利用蒸汽的热能在汽轮机中转变为机械能，然后带动发电机发电。所不同的是，地热发电不像火力发电那样要装备庞大的锅炉，也不需要消耗燃料，它所用的能源就是地热能。将地热能直接用于采暖、供热和供热水是仅次于地热发电的地热利用方式。

考虑使用其他替代性的清洁能源，是解决包括治理酸雨污染在内的空气污染的最有效途径，但新能源的开发和利用需要技术和时间。当前情况下，化石燃料仍然是人类使用最多和最主要的能源，并且短时期内这种情况不会发生根本性的改变。因此，考虑化石燃料的使用中，更加注意选择产生较少二氧化硫和氮氧化物的原料，是比较有现实意义的。比如在火力发电和工业锅炉中使用低硫优质煤，或使用天然气和燃料油代替煤，可在一定程度上减少酸性物质的排放。

二、燃烧前和燃烧中减小污染

煤炭是世界上的一种重要化石燃料能源，在我国更是占到了一次能源总消费量的70%左右，并且这种局面在今后相当长的时间内不会改变。而针对煤炭的脱硫措施就相当重要，目前世界范围内已有近千套脱硫装置在运行，所用的脱硫方法也不尽相同。一般来说，燃煤设备的脱硫技术可以分为三大类，即燃烧前对燃料进行脱硫、燃烧中脱硫和燃烧后的烟气脱硫。

燃烧前脱硫包括煤的洗选、各种脱硫方法脱硫、煤的转化。

在煤使用前，先用水将煤洗一下，这当然不是为了干净，而是洗煤能达到脱硫的效果。由于煤和硫铁矿的密度不同，通过常规的洗煤就可除去30%～50%的硫铁矿，如果采用更为先进的泡沫浮选工艺洗煤，则可以除去煤中40%～90%的硫铁矿。另外，洗煤的过中，还可以把可溶性的硫酸盐一起除去。

生物技术脱硫是一种燃烧前脱硫的方法，它是利用微生物将铁矿石中的二价铁变成三价铁，把单体硫变成硫酸，从而在源头上实现了清洁生产的目的。它是一种有发展前途的治理方法，并取得了很好的效果，受到世界各国的重视。

例如，日本中央电力研究所从土壤中分离出一种硫杆菌，它是一种铁氧化细菌，能有效地去除煤中的无机硫。美国煤气研究所筛选出一种新的微生物菌株，它能从煤中分离有机硫而不降低煤的质量。捷克筛选出的一种酸热硫化杆菌，可脱除黄铁矿中75%的硫。目前，科学家已发现能脱去黄铁矿中硫的微生物还有氧化亚铁硫杆菌和氧化硫杆菌等。

除了生物技术脱硫法，还有其他一些脱硫方法，如化学浸出法、微波法、磁力脱硫法、溶剂精炼脱硫法等，这些方法也都试验成功，已经或正在应用到燃烧前的脱硫实践中去。

煤的转化是指将煤气化或者液化，在气化过程中，硫转化成硫化氢，可脱除，在液化过程中，用加氢的溶剂萃取法，硫铁矿不溶于溶剂可脱除，有机硫在加氢时转化为硫化氢，可脱除。这样一来，在气化与液化的过程中就可以脱除硫分，从而将煤转化成清洁的二次燃料。

煤在燃烧中的脱硫，主要是使用石灰（石灰石）作为脱硫剂，在燃烧中将它们喷入炉中，使氧化钙、氧气和二氧化硫发生反应，生成硫酸钙，避免二氧化硫气体的排出。发生这个反应的最佳温度是800℃～850℃，因此要使用这种脱硫方法时的最佳燃烧方式是流化床燃烧，因为其他的燃烧方式炉内温度不够理想，所以喷钙的脱硫效果不理想。

三、燃烧后的烟气处理

目前烟气脱硫被认为是控制二氧化硫最行之有效的途径。烟气脱硫主要分为干法、半干法和湿法。

所谓干法烟气脱硫，是指脱硫的最终产物是干态的。主要有旋转喷雾干燥法、炉内喷钙尾部增湿活化、循环流化床法、荷电干式喷射脱硫法、电子束照射法、脉冲电晕法以及活性炭吸附法等。

旋转喷雾烟气脱硫是利用喷雾干燥的原理，将吸收剂浆液雾化喷入吸收塔。在吸收塔内，吸收剂在烟气中的二氧化硫发生化学反应的同时，吸收烟气中的热量使吸收剂中水分蒸发干燥。完成脱硫反应后的废渣以干态排出。为了把它与炉内喷钙脱硫相区别，又把这种脱硫工艺称作半干法脱硫。

炉内喷钙尾部增湿活化法，是在炉内喷钙的基础上发展起来的，是在空气预热器和除尘器间加装一个活化反应器，并喷水增湿，促进脱硫反应，使最终的脱硫效率达到70%~75%。此法比较适合中、低硫煤的脱硫，且由于活化器的安装对机组的运行影响不大，比较适合中小容量机组和老电厂的改造。后来，此法又进行了一些改进，增加了多级燃烧器来控制氮氧化物的排放，由于采用分级送风燃烧，使局部温度降低，不但减少了氮氧化物的生成而且使钙基脱硫剂避免了炉内高温烟气的影响，减少了脱硫剂表面的"死烧"，增加了反应表面积，提高了脱硫效率。

循环流化床脱硫技术，是在循环流化床中加入脱硫剂石灰石已达到脱硫的目的，由于流化床具有传质和传热的特性，所以在有效地吸收二氧化硫的同时还能除掉氯化氢和氟化氢等有害气体。利用循环床的一大优点是，可通过喷水将床稳控制在最佳反应温度下，通过物料的循环使脱硫剂的停留时间增长，大大提高钙利用率和反应器的脱硫效率。用此法可处理高硫煤，可以达到90%~97%的脱硫效率。

荷电干式喷射脱硫法的原理是，吸收剂以高速通过高压静电电晕充电区，得到强大的静电荷（负电荷）后，被喷射到烟气流中，扩散形成均匀的悬浊状态。吸收剂粒子表面充分暴露，增加了与二氧化硫反应的机会。同时由于粒子表现的电晕，增强了其活性，缩短了反应所需滞留时间，有效提高了脱硫效率。

电子束照射法，是在烟气加入反应器之前先加入氨气，然后在反应器中用电子加速器产生的电子束照射烟气，使水蒸气与氧等分子激发产生了氧化能力强的自由基，这些自由基使烟气中的二氧化硫和氮氧化物很快氧化，产生硫酸与硝酸，再和氨气反应形成硫酸铵和硝酸铵化肥。由于烟气温度高于露点，无需再热。

脉冲电晕等离子体法，是在电子束照射法的基础上提出的，原理与其也比较相似。该法省去昂贵的电子束加速器，避免了电子枪寿命短和 X 射线屏蔽等问题，因此一经提出各国专家竞相研究，包括我国在内，很多国家都取得了很好的研究成果。该法依靠脉冲高压电源在普通反应器中形成等离子体，产生高能电子，由于它只提高电子温度，而不提高离子温度，能量效率比电子束照射法高 2 倍，该法已经成为国际上干法脱硫脱硝的研究前沿。

湿法烟气脱硫，是指脱硫系统位于烟道的末端、除尘器之后，脱硫过程的反应温度低，因此反应过程是气液固混合反应，其脱硫反应速度快、效率高、脱硫剂利用率高。湿法烟气脱硫主要有石灰石（石灰）抛弃脱硫法、石灰石（石灰）石膏脱硫法、双碱脱硫法、氧化金属物脱硫法、氨脱硫法、海水脱硫法等。

石灰石（石灰）抛弃脱硫法，是以石灰石或石灰的水浆液为脱硫剂，在吸收塔内对二氧化硫烟气喷淋洗涤，使烟气中的二氧化硫反应生成亚硫酸钙和硫酸钙。石灰石（石灰）抛弃法的主要装置由脱硫剂的制备、吸收塔和脱硫后废弃物处理装置组成。其关键性的设备是吸收塔。对于石灰石（石灰）抛弃法，结垢与堵塞是最大问题。

石灰石（石灰）石膏脱硫法，与抛弃法的区别在于向吸收塔的浆液中鼓入空气，强制使所有的亚硫酸钙都氧化为硫酸钙（即石膏）。脱硫的副产品一般不需要抛弃，为有用的石膏产品。同时鼓入空气产生了更为均匀的浆液，易于达到90%的脱水率，易于控制结垢与堵塞。

双碱脱硫法，是指先用碱金属盐类如钠盐的水溶液吸收二氧化硫，然后在另一个石灰反应器中用石灰或石灰石将吸收了二氧化硫的吸收液再生，再生的吸收液返回吸收塔再用，而二氧化硫还是以亚硫酸钙和石膏的形式沉淀出来。由于其固体的产生过程不是发生在吸收塔中的，所以避免了石灰石（石灰）法的结垢问题，并且进一步提高了脱硫效率。

氧化金属物脱硫法，是利用氧化镁、氧化锰、氧化锌等金属氧化物有吸收二氧化硫的能力，利用其浆液或水溶液作为脱硫剂洗涤烟气脱硫。吸收了二氧化硫的亚硫酸盐和亚硫酸氢盐在一定温度下会分解产生富二氧化硫气体，可用于制造硫酸，而分解形成的金属氧化物得到了再生，可循环使用。

氨脱硫法，是采用氨水为脱硫吸收剂，与进入吸收塔的烟气接触混合，烟气中二氧化硫与氨水反应，生成亚硫酸铵，经与鼓入的强制氧化空气进行氧化反应，生成硫酸铵溶液，经结晶、离心机脱水、干燥器干燥后即制得化学肥料硫酸铵。

海水脱硫法，是用海水作为脱硫剂，在吸收塔内对烟气进行逆向喷淋洗涤，烟气中的二氧化硫被海水吸收成为液态二氧化硫。液态的二氧化硫在洗涤液中发生水解和氧化作用。洗涤液被引入曝气池，用提高 pH 值抑制了二氧化硫气体的溢出，鼓入空气，使在曝气池中的水溶性二氧化硫被氧化成为硫酸根离子。

四、应对酸雨污染的现实

在当前酸雨污染比较严重的现实下，筛选和培植抗酸雨的农作物和树种，是一项很重要的举措。如我国西南地区的山茶、柑橘、橙、桧柏、侧柏等，既是该地区名的优特产，又是抗酸雨的经济作物和林木。樟树为常年绿色阔叶树种，有较强抗酸雨能力，可用其更换马尾松等易受酸雨侵害的针叶树种；在园林建设中，可多植桂花、茶花、女贞等抗酸树种。

绿化可以大面积、大范围、长时间地净化空气是治理酸雨污染的一条重要途径。树木、草地、花卉均可调节气候，涵养水源，保持水土和吸收有毒气体，当然也包括对二氧化硫等气体的吸收。有的树木吸收二氧化硫的能力很强，如 1 平方米的银杉可以吸收 60 千克的二氧化硫，其他的强吸收二氧化硫的树种有金橘、红橘、桑树、樟树等，花卉中的紫薇、菊花、石榴等也对二氧化硫有着较强的吸收能力。

对于已经酸化的湖泊，可以采用向其中投入石灰石等碱性物质的办法来中和其中的酸性物质，从而改善了水生生物生存的条件。采用这种方法的湖泊，已经发现湖中幼鱼数量明显增加。但是，这种方法是否会产生不良的后果还不是很清楚。这种方法到目前为止尚未发现有什么弊病，其对生态系统的负面影响可能要在多年之后才会显现出来。

对于已经酸化的土壤，其处理方法与处理酸化湖泊的方法类似，是向土壤中投入石灰。在酸雨的作用下，被酸化了的土壤会有铝离子溶出，影响农作物的健康生长。投入有碱性的石灰，土壤酸性被中和，已溶出的铝离子重新沉淀，土壤与作物之间正常的营养循环得以恢复。但增加石灰只是一种辅助措施，并不能根治酸雨污染的问题。

酸雨是一个国际性的问题，世界上酸雨最严重的欧洲和北美许多国家在遭受多年的酸雨危害之后，终于都认识到大气无国界，不能依靠一个国家单独解决酸雨污染的问题。1979 年 11 月，在日内瓦举行的联合国欧洲经济委员会的环境部长会议上，通过了《控制长距离越境空气污染公约》，并于 1983 年生效，开始了对二氧化硫等污染气体的控制。各缔约国都加强了引起酸雨的气体的排放控制，也取得了一些效果；但是，人类的很多行为还是会造成大量的酸性物质排放到空气中，尤其是战争对局部空气污染影响巨大，下面的这个例子很能说明问题。

1991 年，一支登山队在攀登珠穆朗玛峰时遇到了大雪，令他们惊奇的是，天上飘下的雪花居然是黑色的。黑色的雪花纷纷扬扬，使大地和天空笼罩在阴霾中。科学家研究发现，造成黑雪的原因是 1990 年爆发的海湾战争。在这场战争中，参战各方共出动飞机 10 万架次，投掷 1.8 万吨炸药，严重污染了大气，向空气中排放了大量的酸性气体。在这场战争中，科威特约有 700 眼油井被破坏，点燃的油井一直燃烧了 8 个月，最多时一天烧掉 80 万吨原油，价值 1 亿多美元。这些被点燃的油井燃烧中排放的浓烟遮天蔽日，使白昼如同黑夜，人们白天开车要打亮车灯，步行则要靠手电筒照亮。由于日照量的减少，植被和土壤也都受到了影响。燃

烧使空气中二氧化硫和二氧化碳含量大大超过正常值，很多地方都出现高酸度降水，对植物造成了极大的破坏。有些地方的雨水甚至都无法饮用。石油燃烧后出现的大量尘埃弥漫扩散，这些黑烟经印度洋上空的暖湿气流向东移动，在飘过喜马拉雅山上空时就凝成了黑雪降落下来。

链接：我国需对氮氧化物的排放加强控制

2009年2月，国家环境保护部召开的大气氮氧化物污染控制技术研讨会上，与会专家指出，如果不进一步采取有效的措施控制氮氧化物排放，未来15年我国氮氧化物的排放量将继续增长，到2020年可能达到3000万吨以上，我国"十一五"期间消减二氧化硫10%的努力，将因氮氧化物排放的显著上升而全部抵消。研究显示，氮氧化物排放量的显著增加使得我国酸雨污染已经由硫酸型主导向硫酸和硝酸复合型转变，硝酸根离子在酸雨中所占的比例从20世纪80年代的1/10逐步上升到近年来的1/3，这表明氮氧化物排放已经成为我国酸雨控制中非常重要的一个污染物。

氮氧化物本身对人体健康有较大危害。近年来，北京、广州、上海和深圳等大城市二氧化氮浓度普遍较高，小时浓度超标现象经常发生，且呈逐渐增加趋势。卫星遥感发现，我国东部地区二氧化氮浓度值增加量明显高于世界其他地区，北京到上海之间的工业密集地区已经成为世界上对流层二氧化氮污染最为严重的地区。

同时，氮氧化物还是臭氧和酸沉降等二次污染的重要前体物。灰霾是近年的天气预报中经常出现的一个词，其形成与氮氧化物有很大关系。这种像雾又不是雾的天气现象，给人们的生活和健康造成了很大影响。据统计，近年来，我国大部分地区，特别是珠江三角洲经济发达地区的大气能见度日趋下降，灰霾天数增加。以深圳为例，20世纪80年代灰霾天数年平均约为6天，进入2001年以来，年平均约为122天，到2004年增至177天。

据估计，1995～2005年间，我国氮氧化物排放量年增长率在6%以上。在2005年，全国氮氧化物排放总量为1990万吨，其中火力发电是最大来源，占到36%左右，其次是工业和交通运输部门，分别贡献了23%和20%。相关调研结果显示，目前除了电力企业外，多数企业对氮氧化物的重视程度不够。随着火力发电和机动车保有量的进一步增长，氮氧化物在这两个行业集中排放的现象将进一步凸显。

从空间分布来看，氮氧化物排放主要集中在东部地区。据测算，全国80%以上的氮氧化物排放量来自于人口密集、工业集中、经济发展较快的中东部地区，如广东、辽宁、河北、山东等地。这也造成珠江三角洲、长江三角洲和京津冀三大城市群的氮氧化物污染及二次污染问题突出。从单位面积排放强度来看，排放量最大的地区依次是上海、天津和北京。

我国环境质量标准中缺少对氮氧化物的监测标准，目前只有二氧化氮二级标准。二氧化氮与氮氧化物有一定的关联，二氧化氮在一定程度上反映了氮氧化物的污染问题，但由于目前监测点位的设置不尽合理，未能充分反映从一氧化氮到二氧化氮的迁移转化，使得当前二氧化氮监测结果不能全面反映我国氮氧化物的污染现状。

我国氮氧化物行业排放标准制订工作起步较晚，目前在工业炉窑和炼焦炉的大气污染排放标准中仍没有规定氮氧化物的排放限值。而在仅有的《火电厂大气污染物排放标准》、《水泥厂大气污染物排放标准》、《锅炉大气污染物排放标准》中，虽然规定了氮氧化物浓度限值，但这些标准普遍存在过于宽松的问题。

　　因此，修订和完善一批行业氮氧化物排放标准是当前迫切的一项任务，只有这样才能推进我国的氮氧化物污染防治工作。

第四章　水危机

阳光、空气和水是支撑地球生命存在的诸多条件中最为基本的，如果对三者再作一番比较，又会发现水是最为稀缺的，尤其淡水是不容易得到的。尽管人类居住的地球有70.8%的面积被海洋覆盖着，全球藏水总量约13.7亿立方千米，可是淡水只占2.53%。在所有的这些淡水中，又有68.7%储存于南极和北极的冰川及永久性"雪盖"中，人类利用这些淡水资源尚需时日。

人类是缺水的，而另一方面，水污染却相当严重。由于水源枯竭、水体污染，水生态环境正在遭遇前所未有的危机，人类和其他生物的生存也遭遇前所未有的危机。

第一节　水是生命之源

当我们说土地是人类唯一的立足之所，当我们说森林是陆上最大的生态中枢，当我们说万类万物是从始到终的人的至爱亲朋时，水则是维系这一切的命脉所在。

水的循环是大自然中最伟大的循环之一，并且最充分地显示着自然规律的不可更移：水，始终按照形成初始所给定的形式，太阳光的辐射将海洋和别的地表水蒸发，成为水汽，上升到天空凝结为云，云层厚积而成雨云，雨云不堪重负而坠落为雨。这意味着：它是从始至终，始终如一的。它用不着创新，对自然规律而言，开始便包括了一切。它永远是老的、旧的，又总是新的、美的。人可以破坏乃至毁灭它，但不能改变它。

水总是在流动着，黄河长江，载浮载沉，滔滔东去，一路滋润，一路养育，然后赤条条地涌进大海。水的历程造就了生命的历程，却又隐身于生命之内。有相当于全球河流一半的水，流淌在人类和动物的血管里，流淌在植物的根茎、叶脉之中。有了水，才有人类的灵智闪射、目光流转；有了水，才有狮虎的独步天下、王者风度；有了水，才有花木的挺拔茁壮、千姿百态。这个经纬万端的世界，一旦没有水，就将归于死寂，时光之箭也会黯然落地。

每一个普通人的身体里含水 50 升，占体重的 65% ~ 70%；占人体组织的 70% ~ 75%；血液几乎是 100%；就连骨骼也占 20%。人的生命、灵智、灵魂是由人体内无数根水柱托起的。人体中的水调节体温，促进新陈代谢、输送营养物质、排除废物，忙碌而有序。同时，水也参与化学反应，与蛋白质、糖及磷脂结合，发挥复杂的生理作用。一个健康的成年人，每天平均要喝 2200 毫升水，再加上体内物质代谢产生的内生

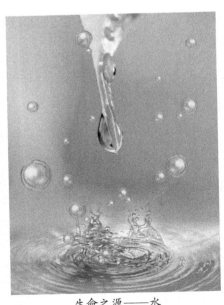

生命之源——水

水约 300 毫升，总共为 2500 毫升，每天经肾、肺、皮肤和粪便排出与此相等数量的水。换言之，每天中稍加间隔就需要的而且是必要的水的补充和排出，是生命的象征，也是生命的内容。

生物圈是包括人类在内的所有生命形式生存环境的总体。水，是生物圈不可或缺的一部分。水既是生物圈的基质、材料，又是生物圈的物质、能量转换，循环的载体、媒介。生物圈的每一个环节都有水的存在，有赖水维系。水，维持着整个生物圈生态系统的平衡及运动。存在没有生物圈的水，不存在没有水的生物圈；没有生物圈的水依然是活水，没有水的生物圈必定是死物圈。

水是那样普通，普通到让人须臾不可离开，而又随时可以忘却。人只是在饿的时候想到吃饭，渴的时候想到喝水，而对于粮食和水本身，可以说从未关心过。至今在绝大多数地球人的心目中，水仍然是取之不尽用之不竭的，尤其是看到地球上海洋的面积如此广阔，其总量的浩瀚与丰富让人们不相信自己会步入缺水的危机。到处都是对水资源的盲目开采、肆意挥霍浪费以及粗暴的践踏与污染。然而，实际情况是，人类可利用的淡水在地球上所占的比例是少之又少。

链接：世界 10 大主要河流面临严重威胁

2007 年 3 月 20 日，世界自然基金会发布报告称，受气候变化、污染等因素的影响，世界上的一些主要河流正面临日益严重的干涸危险。题为《世界面临最严重危险的 10 条河流》的报告列出了受威胁最大的大河：亚洲的湄公河、怒江、长江、恒河和印度河，欧洲的多瑙河，南美洲的拉普拉塔河，北美洲的格兰德河，非洲的尼罗河和大洋洲的墨累－达令河。

世界自然基金会通过历史报告和专家的建议起草了这份名单。被选中的都是已经遭遇多重破坏，在未来 10 年可能发生显著变化的淡水流域。在列出的 10 条河流流域中，居住着全球大约 41% 的人口，1 万种淡水动物和植物中至少 20% 已经灭绝，且这些河流还正在遭受人为的破坏：河水被抽干，水坝破坏生态系统，污染严重，而生活在流域中的人类和野生动物也面临威胁。

报告称，尼罗河、多瑙河和长江，这些孕育了人类文明的古老河流却受到了人类最深的伤害；多瑙河是欧洲最长的河流之一，然而河上的水坝已使该流域 80% 的湿地和漫滩遭到破坏；怒江是全球仅有的从源头不间断流向大海的 21 条河流中的一员，沿岸 16 座大坝的规划，可能造成流域地形的改变，从而给野生动物带来灾难性后果；湄公河灌溉领域的面积相当于 1 个德国，但过度捕捞给它造成了严重的问题；农业灌溉、工业和生活用水使格兰德河和恒河的下游面临水量不足问题，水平面急剧下降；因为喜马拉雅冰川随着气候变暖而消失，恒河、印度河的水量预计将进一步减少；长江曾经非常清澈，人们能看到一支笔沉入江底，但近 50 年来，长江干流的污染物增加了 70% 以上。

这 10 条河流面临着如下的主要威胁。

1. 格兰德河：抽水过度，盐化，外来物种入侵；

2. 长江：污染，捕捞过度；

3. 湄公河：捕捞过度，149 座规划中的大坝，森林采伐，污染；

4. 怒江：16 座申请中的大坝；

5. 墨累－达令河流域：外来入侵物种，盐化，气候变暖；

6. 恒河：抽水过度，14 座申请中的大坝，气候变暖；

7. 印度河：气候变暖，抽水过度，污染和 6 座申请中的大坝；

8. 拉普拉塔河流域：27 座申请中的大坝，河道疏浚，捕捞过度，气候变暖和污染；

9. 尼罗河：气候变暖，抽水，外来入侵物种；

10. 多瑙河：8 座申请中的大坝，航运设施，防洪设施，污染和外来入侵物种。

第二节 缺水的世界

21 世纪的水正在变为一种宝贵的稀缺资源。早在 1972 年，联合国第一次环境与发展大会就指出，"石油危机之后，下一个危机是水"。1977 年联合国大会进一步强调"水，不久将成为一个深刻的社会危机"。1992 年，一些专家指出，"到 21 世纪，水、粮食和能源这三种资源中最重要的是水"。1997 年联合国再次呼吁，"目前地区性水危机可能预示着全球危机的到来"。2009 年 1 月，瑞士达沃斯世界经济年会报告指出，全球正面临"水破产"危机，水资源今后可能比石油还昂贵。

一、全球水资源的现状

我们人类生存的地球虽然有 70.8% 的面积为水所覆盖，但其中 97.5% 的水是咸水，无法饮用。在余下的 2.5% 的淡水中，有 87%

是人类难以利用的两极冰盖、高山冰川和永冻地带的冰雪。虽然科学家们正在研究冰川的利用方法，但在目前技术条件下还无法大规模利用。除此之外，地下水的淡水储量也很大，但绝大部分是深层地下水，开采利用的也很少。人类目前比较容易利用的淡水资源，主要是河流水、淡水湖泊水以及浅层地下水。这些淡水储量只占全部淡水的 0.3%，占全球总水量的 0.7/10000，即全球真正有效利用的淡水资源每年约有 9000 立方千米。有人比喻说，在地球这个大水缸里可以利用的水只有一汤匙。

全球每年人均水资源量为 7342 立方米，远在每年人均 300 立方米的缺水上限之上。因此，总体而言，世界上是不缺水的。但是，世界上淡水资源分布极不均匀，每年约 65% 的水资源集中在不到 10 个国家，约占世界人口总数 40% 的 80 个国家和地区却严重缺水。据英国《独立报》报道，在全球 500 条大河中，超过半数严重枯竭。尤其是人类使用水资源的方式也加剧了水资源的紧张形势，在每年消耗的淡水资源中，家庭用水占 8%，工业用水占 22%，农业用水占 70%。人口的增长和城市化进程也严重影响着水资源形势。

据统计，世界上有 80 多个国家约 15 亿人口面临淡水不足，其中 26 个国家的 3 亿人口完全生活在缺水状态中，预计 2050 年，全世界将有 30 亿人缺水，波及的国家和地区达 40 多个，主要是非洲和中东地区，印度、秘鲁、英国、波兰和中国的部分地区亦会受到影响。目前，按年人均水占有量计算，世界上最缺水的国家有 20 个：其中亚洲的 10 个是卡塔尔、科威特、巴林、新加坡、沙特、约旦、也门、以色列、阿曼、阿联酋；非洲的 8 个是埃及、利比亚、

突尼斯、阿尔及利亚、布隆迪、佛得角、肯尼亚、摩洛哥；欧洲的马耳他，北美洲的巴巴多斯。

在淡水资源极端珍贵的同时，人类的浪费是惊人的。全球水资源危机的主要原因是管理不善，包括水资源浪费严重，世界许多地方因管道和渠沟泄漏及非法连接，有多达30%～40%的水被白白浪费掉；发展中国家水资源开发能力不足，非洲发电能力仅开发了3%；截至2005年，仅有12%的国家制定了完整的水资源管理和节约计划。污染和浪费是人类对水资源的最大伤害，全世界每天约有200吨垃圾倒进河流、湖泊和小溪，每升废水会污染8升淡水；所有流经亚洲城市的河流均被污染；美国40%的水资源流域被加工食品废料、金属、肥料和杀虫剂污染；欧洲55条河流中仅有5条水质差强人意。根据世界银行的统计，在发展中国家的大城市饮用水的一半透过裂缝渗入了土壤。我国每年自来水的漏失量就达10亿多吨。

另外，有限的淡水资源分布又非常不平均，世界每年约有65%的水资源集中在不到10个国家中，而占世界总人口40%的80个国家却严重缺水。水源最丰富的地方是拉丁美洲和北美洲，而在非洲、亚洲、欧洲人均拥有的淡水资源就少得多。中东是一个严重缺水的地区，其主要的水源是约旦河。与该河息息相关的国家有约旦、叙利亚、黎巴嫩、以色列和巴勒斯坦。这些国家几乎没有其他可以代替的水源。缺水问题极为严重。另一个缺水严重的地区是非洲，在这里争夺尼罗河流域水的冲突极端激烈，该流域包括埃及、苏丹、埃塞俄比亚、肯尼亚等9个世界上干旱最严重的国家。如果上游国家用水增加，就会使埃及这样的下游国家用水减少，加剧干旱。

衡量缺水状况的人均标准是每人每年应有可用淡水 1000 立方米，低于这个标准，现代社会就会受到制约。用这个标准来衡量，目前许多国家都低于这个指标：肯尼亚每人每年只有 600 立方米，约旦仅有 300 立方米，埃及仅有 200 立方米。据联合国估计，到 2025 年，将有一大批国家，年人均水量低于 1000 立方米。其中科威特、利比亚、约旦、沙特、也门等缺水严重的国家人均年用水有可能低于 100 立方米。

2009 年 3 月 12 日，联合国发表第三版的《世界水资源开发报告》，报告强调，水资源同气候变化、粮食与能源价格以及金融市场息息相关，若问题不解决，情况将会恶化、各地缺水的问题会日益严重，最终导致水荒和引发不同程度的不稳定问题。

报告指出，各国急切需要解决人口增加、生活水准提高、饮食改变、生物能源用量增加所带来的水供问题。报告指出，到了 2030 年，47% 的世界人口将居住在水资源极度缺乏的地区。

联合国教育、科学、文化组织总干事松浦晃一朗在报告的前言中指出，报告清楚地解释了我们需要急速采取行动，以免面对水荒。他说："尽管水资源对人类的生存极为重要，可是，水资源业长期面对缺乏政治支持、管理不当以及投资不足的问题。"

松浦解释道："为此，世界数亿人口继续生活在穷困之中，健康状况不良，长期面对水患、环境恶化甚至政治动乱和冲突。"

报告指出，在过去 50 年里，淡水抽取量增加了 2 倍，这是人口增长以及稻米、棉花、乳制品和肉类生产增加所致。据估计，世界现有的 66 亿人口，到了 2050 年约会增加 25 亿。这将意味着淡水需求每年会增加约 640 亿立方米。

人们对肉类和乳制品的需求增加也是因素之一，因为，这一类粮食的生产所需要的水比作物耕种来得高。

近年来生物燃料的生产猛增也使人类对水资源的需求加大，因为栽培用于制造生物燃料的作物需要耗费大量的水。生产 1 升生物燃料，就需要大约 2500 升水。报告的内容协调员、世界水理事会主席科斯格罗夫在纽约的记者会上说，人们要通过作物取得能源，但却没有考虑，那需要消耗多少水资源。

报告也指出，人们浪费用水、污染水源、灌溉系统没有设置妥当、在沙漠中种植需水量大的作物等都加重了水资源缺乏的问题。气候变暖更是加大了问题的严重性。

二、缺水导致疾病与贫穷

联合国发布的《世界水资源开发报告》显示，随着人口膨胀与工农业生产规模迅速扩大，全球淡水用量飞速增长。全球用水量在 20 世纪增加了 7 倍，其中工业用水量增加了 20 倍。特别是近几十年来，全球用水量每年都以 4%～8% 的速度持续递增，淡水供需矛盾日益突出。联合国环境规划署的数据显示，如按当前的水资源消耗模式继续下去，到 2025 年，全世界将有 35 亿人口缺水，涉及的国家和地区将超过 40 个。

迄今，世界上已有 100 个国家缺水，26 个国家严重缺水，全球有 11 亿人生活缺水，每年有 310 万人死于不洁饮用水引发的相关疾病。其中，约有 1/5 的人无法获得安全的饮用水；有 30 亿人没有干净的用水卫生设施；全世界的医院有一半挤满了因此患上各种疾病

的病人；每年有 220 万人因缺水或者不干净的水源传染的疾病而死亡，其中主要是儿童；因为缺水导致卫生条件恶劣，由此流失的生命更是难以统计。过去 10 年，痢疾杀死的儿童比第二次世界大战中所有战死的军人人数还要多，这种肠道疾病的主要发病原因就是没有干净饮用水。1998 年在非洲有超过 30 万人死于内战，但是同年有超过 200 万人死于痢疾，是前者的 6 倍多。印度每年用于治疗痢疾的医疗费用已经构成这个国家健康体系的沉重负担。

全球面临严重的淡水缺乏危机，在非洲、阿富汗、印度和亚洲的其他一些国家，女人和孩子们每天面临这样的困难，在感到渴的时候，他们必须拿起容器，步行至少两个小时到一口井，打满水之后再步行两个小时回家。试想经过这样艰苦劳动，他们还剩下多少精力可以做家务、照顾孩子。这是数亿人每天必须面临的艰难问题，同样的情况还发生在中南美洲的一些地方。地球上还有太多地方缺水或者水源被污染，在这些地方，无一例外是当地居民自己去寻找安全水源，无论距离远近或者路途困难，通常每天打水的步行距离是 6 千米。

在很多国家，缺水是人们无法摆脱贫穷的主要原因，而在解决水源这个问题上，女人和儿童承担了不成比例的重任，每天为一个家庭

缺水地区的人排队打水

收集用水的时间平均超过 6 个小时。缺水造成了贫穷，而相对有钱的人当然可以用金钱来解决问题。据统计，在发展中国家，有超过 25% 的家庭购买比自来水贵得多的饮用水，极端情况下这笔开支占整个家庭开销的 1/4。

三、缺水影响农业生产

水资源缺乏会严重威胁农业发展，影响整个世界的食物供给。缺水使全球耕地面积逐年减少，危及粮食的供应，长此下去势必导致粮食价格上涨，进一步加重贫困人口的负担。全球灌溉农业养活着 24 亿人口。农业用水约占全球淡水用量的 70%，在发展中国家甚至达到 90%。1997 年 9 月，国际水源协会在蒙特利尔召开圆桌会议，一致认为缺水已成为全球粮食生产的关键性因素，目前大约 10 亿人口没有足够的食物，到 2050 年全球将有一半的人生活在缺水地区，粮食供应将成为更严重的问题。

缺水对我国的粮食生产也构成巨大威胁。我国大约 64% 的耕地位于北方，北部的农业生产为我国的粮食自足政策提供了支持，我国超过 50% 的小麦、蔬菜和水果，以及 1/3 的玉米生长在该地区。然而，我国北方的水资源却只占全国的 18%，不能满足农业发展的要求。现在，北方主要种植地区的谷类、棉花、蔬菜和水果生产都受到了缺乏清洁水的威胁，这可能改变我国自给性的粮食自足政策，需要加大食品进口。

2008 年 6 月，美国农业部发布了一份关于我国水资源情况与农业发展关系的报告，该报告中说："目前水资源使用过度，超过了可

持续的水平。如果缺水情况加重，政府可能会取消有关最低支持费用，并放宽食品安全政策，从而增加了进口需求。""农业面临来自工业和城市消费者对这些有限的水资源越来越多的竞争"。报告说："虽然政府实施的用来防止工业进一步造成水污染的政策可能会减缓用水的增加，但来自城市消费者的需求预计会大幅增长。"该报告还指出，我国的人均水供应量处于世界最低水平，因为我国有全球20%的人口，却仅有世界大约7%的水资源供应。

干旱的土地

除了我国，非洲国家因缺乏水资源而导致农作物减产的情况也比较严重。据有关专家介绍，非洲因为缺水而导致每年农作物减产23%左右，以至于各种粮食作物在未来的几年内必须进口3500万吨粮食才可以满足市场需求。

非洲的人口目前仍在不断增加，每个家庭对于日常饮用水的需求也在日益地膨胀，所以非洲国家需要迅速作出解决人口饮用水困难的计划与措施。

非洲一些土地贫瘠的国家诸如埃塞俄比亚、乍得和毛里塔尼亚等必须面对缺水的现实。在这些国家进行耕作的农民还得随时外出寻找水资源以防止农田的歉收减产。与此相反，非洲另一些降水丰富国家诸如民主刚果、赞比亚和南非则要增加劳动设备来保护耕地资源不被浪费，还要加强水资源管理以防止最近几年来洪水泛滥影响到邻近的一些周边国家诸如肯尼亚和莫桑比克等。

四、缺水影响世界和平

目前，全世界有一半的人口生活在与邻国分享河流和湖泊水系的国家里。水资源之争已成为影响世界和平的重要原因，成为地区或全球性冲突的潜在根源和战争爆发的导火索。当然，并非所有水资源问题都会影响国际安全并导致国际冲突，水资源短缺现象在不同地区、不同条件下对国际安全的影响是不同的，它受到地理、政治、经济、种族、人口等其他各种因素的影响。水资源对国际关系和国际安全的作用可能更大，引起冲突的可能性也更大。

国家和地区范围内缺水越严重越容易引发战争。尽管全球面临淡水资源缺乏的潜在危机，但由于水资源的分布不同，一些国家和地区已经陷入严重的水资源危机，一些国家的水资源可能不很宽余或刚刚够用，另一些国家则属于水资源丰富的国家。在水资源丰富的国家，年人均淡水量有的达到 10 万立方米以上，如美国年人均淡水占有量为 9900 立方米，加拿大为 12 万立方米。所以在美国和加

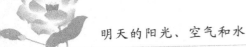

拿大这样的国家，基本上是不可能会发生因为缺水而导致的战争的。

而在一些缺水国家和地区，情况就完全不同了。阿尔及利亚、布隆迪、坦桑尼亚、肯尼亚等国的人均淡水量在 600～700 立方米之间，以色列、突尼斯等国为 400～500 立方米，而像叙利亚、沙特阿拉伯、约旦、也门等国家年人均淡水量仅有 100～200 立方米。对这些国家来说，水是国家的战略资源，与国家安全息息相关，这些国家也容易因水资源问题与他国发生争端，或爆发因水资源纠纷引起的战争。以色列前总理佩雷斯曾说，如果公路通向文明，那么，水就通向和平。这反映了缺水地区和平受到的威胁以及水与安全的关系。

拥有同一水资源的国家之间容易发生冲突，并且拥有同一水资源的国家越多，越容易发生水冲突。地球上有 214 个河流和湖泊水系跨越一条或若干条国界。其中有 148 个水系经两个沿岸国家或地区，由于水资源供应和分配不均匀，已有大大小小 140 个地区出现了紧张形势。如非洲的尼罗河流经布隆迪、卢旺达、扎伊尔、乌干达、肯尼亚、埃塞俄比亚、苏丹、埃及等 10 个国家；约旦河流经黎巴嫩、叙利亚、以色列和约旦四国；幼发拉底河是土耳其、叙利亚、伊拉克三国的重要水资源。在这些流域地区，国家间的冲突和纠纷长期存在。

咸海问题在苏联解体之前属于一个国家内部问题，现在咸海以及阿姆河、锡尔河都变成了国际共有的水资源，涉及 5 个独立的国家，因此中亚国家如何解决面临的水资源匮乏问题已经引起有关水资源专家的关注。中亚地区人口多，水资源又不足，过度用水已经使世界第四大淡水湖咸海的面积缩小 40%，水容量减少 67%。此外，南亚的恒河、美洲的亚马孙河等，都是国际性的河流。由于流域内国家多，且政治、经济利益不同，在水资源的分配、利用、管理等方面容易发生纠纷和冲突。

拥有共同水资源国家的差异越大，越容易发生水冲突。一些河流虽为若干国家共有，但如果这些国家在历史、政治、宗教、文化等背景方面差异不大，可能不会因共同拥有的水资源而发生严重冲突。如果拥有共同水资源的国家在政治、种族、宗教等方面原本就存在尖锐的冲突，那么，各种冲突将相互影响，水资源必然成为冲突的一个方面，中东地区就是最典型的例子。

中东地区存在尖锐的民族冲突、宗教冲突，同时又是严重的缺水地区，因此水资源一直是阿拉伯国家和以色列之间、阿拉伯国家与非阿拉伯国家之间争夺的一个重要方面。另外，经济发展水平、经济结构以及人口等方面的差异都会引起同一流域内国家在水资源上的冲突。

对水资源的依赖程度和国内水分布特征也是影响水冲突的一个因素。有的河流虽然流经多个国家，但它的流量不大，对沿岸国家水资源没有产生重大影响，围绕这类水资源的争夺可能不很激烈。但有些河流同是若干国家赖以生存的水资源，这种分布使冲突的可能性增大。

一些国家所需要的水资源主要来自境外，也就是说这些国家的水资源在其他国家的控制之下，有的是在被认为有敌意的国家控制之下。对这类国家来说，水资源问题是个与国家安全密切相关的敏感问题，它们可能担心其他国家因种种原因而切断自己的水资源供应，担心水资源被用作战争的工具。据水资源专家分析，1/3 的水资源来源于境外的国家，发生水纠纷的可能性更大。像亚洲的柬埔寨、孟加拉国、巴基斯坦以及欧洲的匈牙利、德国、比利时、捷克和斯洛伐克等国家 50% 以上的水资源来自境外，其发生因水而起的冲突的可能性很大。

人口发展速度过快会增加水资源冲突发生的可能。当一个国家或地区，其人口尚未发展到一定程度时，水资源危机也许并不急迫，此时国家往往没有将水问题提到日程。一旦人口迅速发展，与之相应的农业、工业发展起来，对水的需求量将大幅度增加，水则变得越来越缺乏，这时水资源问题将日益突出。在一个国家范围可能发生地区间的水纠纷，在国家间则可能导致争夺水资源的冲突。

在政局动荡、对抗严重的国家和地区，水对国家安全和国际关系的影响更大。在相对和平的政治气氛和环境下，水资源纠纷比较容易通过和平的方式解决。但在冲突严重的地区，即便冲突不是水资源引起的，水资源也往往成为冲突的一个方面，而且以水资源作为威胁对方的手段或战争工具的可能性也更大。

链接：世界水日、世界水论坛和中国水周

为推动对水资源进行综合性统筹规划和管理，加强水资源保护，解决日益严峻的缺水问题，并增强公众对开发和保护水资源的意识，1993 年 1 月 18 日，联合国第 47 次大会根据联合国环境与发展大会制定的《21 世纪行动议程》中提出的建议，通过了第 193 号决议，考虑到随着人口增长和经济发展，许多国家将很快陷入缺水的困境，

经济发展将受到限制，确定自 1993 年起，将每年的 3 月 22 日定为世界水日。决议提请各国政府根据自己的国情，在这一天举办一些具体的宣传活动，以提高公众节水意识。

"世界水日"活动

历年世界水日的主题为：

1994 年，关心水资源是每一个人的责任；

1995 年，女性和水；

1996 年，为干渴的城市供水；

1997 年，水的短缺；

1998 年，地下水——正在不知不觉衰减的资源；

1999 年，每人都生活在下游；

2000 年，卫生用水；

2001 年，21 世纪的水；

2002 年，水为发展服务；

2003 年，未来之水；

2004 年，水与灾害；

2005 年，生命之水；

2006 年，水与文化；

2007 年，应对水短缺；

2008 年，涉水卫生；

2009 年，跨界水——共享的水、共享的机遇；

2010 年，关注水质，抓住机遇，应对挑战；

2011 年，城市用水，应对都市化挑战；

2012 年，水与粮食安全；

2013 年，水合作；

2014 年，水与能源。

为了提高最高政治决策层对水问题的关注及扩大社会影响，1996 年，由水问题专家学者和相关国际机构组成的世界水理事会成立，并且决定在世界水日前后每隔 3 年举行一次大型国际会议，这就是世界水论坛会议。

第一届世界水论坛于 1997 年 3 月在摩洛哥的马拉喀什召开。来自 63 个国家的 500 名代表与会。国际水领域中的一批具有影响力的社会高官出席了论坛。在世界水理事会会议上，有关代表向理事会建议应促进通过多领域一体化的手段包括工程、生态和社会科学等方面的措施，解决水管理中存在问题。在本届论坛上，提出了世界水理事会制定 21 世纪水、生命和环境蓝图的设想。

第二届世界水论坛于 2000 年 3 月在荷兰海牙举行，来自 156 个国家的 5700 名代表出席会议，114 个国家的部长出席了部长级会议，世界水蓝图也在这次会议上问世。会议提出"世界水展望"的观点。本届论坛确定了"从展望到行动"的主题。第二届世界水论坛的目标与 21 世纪水、生命和环境展望和行动框架紧密结合，论坛为公众对展望和框架畅所欲言提供了一个平台。本届水论坛致力于倡导政治力量承诺解决面临的水危机，并呼吁政治高层重视实施世界水展望和行动框架。

第三届世界水论坛于 2003 年 3 月在日本的京都、大阪和滋贺召开。本届大会参加人数大大超过了前两届大会，达到 2.4 万多名代表。本届论坛的特色是论坛全面公开，由各方合作共建，其中虚拟水论坛和水之声计划等创新之举得到了广泛好评，并得到了积极响应。130 名部长级代表出席了本届会议。第三届世界水论坛的主要议题是实行"具体行动和承诺"，会议达成了《部长宣言》。

第四届世界水论坛于 2006 年 3 月在墨西哥城举行，来自全球 140 多个国家和地区的 1.3 万多名代表，包括 50 多位世界各国的水利部长参加了本届论坛。本届论坛的主题是"采取地方行动，应对全球挑战"。论坛已经从第二届论坛的主题"世界水展望"和第三届水论坛的"实施的具体行动和承诺"，发展到如何将地方行动融入世界水利建设，如何将不同机构和组织发出支持的声音转化为实际的地方行动，从而进一步实现所作的承诺，这也是我们面临的主要挑战。第四届世界水论坛的主要目标是实现所有相关利益方的参与和交流，使提出的框架议题得到充分的讨论并提出应当采取的行动，

集中商议前三届论坛提出和亟待解决的问题，扩大大众媒体的宣传和扩大社会影响。

第五届世界水论坛于 2009 年 3 月在土耳其的伊斯坦布尔举行，来自全球 156 个国家和地区的 2.8 万名代表，包括 90 多位部长、63 名市长和 148 位议员出席了论坛。第五届世界水论坛的主题是"跨越水的鸿沟"，强调全球各地区参与水管理或受水影响的各方之间应加强沟通、交流和协调，呼吁各国采取措施保证全球人民能够获得饮用水和卫生医疗待遇。各国在全球气候变化的影响及其对策、水资源短缺与提高用水效率、特大自然灾害及其风险管理、灌溉农业发展与保障粮食安全、饮水安全与卫生、储水等水利基础设施建设、加强水资源综合管理以及水利建设投融资机制等热点问题上进行了讨论。

1988 年《中华人民共和国水法》颁布后，水利部即确定每年的 7 月 1～7 日为"中国水周"，考虑到世界水日与中国水周的主旨和内容基本相同，因此从 1994 年开始，把"中国水周"的时间改为每年的 3 月 22～28 日，时间的重合，使宣传活动更加突出"世界水日"的主题。

自 1996 年以来，中国水周的主题分别是：

1996 年，依法治水、科学管水、强化节水；

1997 年，水与发展；

1998 年，依法治水——促进水资源可持续利用；

1999 年，江河治理是防洪之本；

2000 年，加强节约和保护，实现水资源的可持续利用和保护；

2001 年，建设节水型社会，实现可持续发展；

2002 年，以水资源的可持续利用支持经济社会的可持续发展；

2003 年，依法治水，实现水资源可持续利用；

2004 年，人水和谐；

2005 年，保障饮水安全，维护生命健康；

2006 年，转变用水观念，创新发展模式；

2007 年，水利发展与和谐社会；

2008 年，发展水利，改善民生；

2009 年，落实科学发展观，节约保护水资源；

2010 年，严格水资源管理，保障可持续发展；

2011 年，严格管理水资源，推进水利源跨越；

2012 年，大力加强农田水利，保障国家粮食安全；

2013 年，节约保护水资源，大力建设生态文明；

2014 年，加强河湖管理，建设水生态文明。

第三节 严重的水污染

水污染是指某些有害的物质进入水体，超过其自净能力，引起天然水体的物理上、化学上的变化。水源污染主要有自然污染和人为污染两种形式。自然污染是因地质的溶解作用，降水对大气的淋洗、对地面的冲刷，挟带各种污染物流入水体而形成。人为污染则是指工业废水、生活污水、农药化肥等对水体的污染。

当前对水体危害较大的是人为污染。水污染可根据污染杂质的不同而主要分为化学性污染、物理性污染和生物性污染三大类。物理性污染物包括悬浮物、热污染和放射性污染，会引起人体感官不适等。化学性污染物包括有机和无机化合物，会引起中毒、细胞突变等。生物性污染物包括细菌、病毒和寄生虫，会引起各种疾病。

一、水污染现状

20 世纪 50 年代以后，全球人口急剧增长，工业发展迅速。一方面，人类对水资源的需求以惊人的速度扩大；另一方面，日益严重的水污染蚕食大量可供消费的水资源。世界水论坛提供的联合国水资源世界评估报告显示，全世界每天约有 200 吨垃圾倒进河流、湖泊和小溪，每升废水会污染 8 升淡水；所有流经亚洲城市的河流均被污染；美国 40% 的水资源流域被加工食品废料、金属、肥料和杀虫剂污染；欧洲 55 条河流中仅有 5 条水质差强人意。

我国的水污染也比较严重，现在已经进入水污染密集爆发阶段，江河湖库及近海海域普遍受到不同程度的污染，总体上呈加重趋势。水污染加剧了我国水资源缺乏的状况。据国家环境保护部发布的《2008 年中国环境状况公报》显示，2008 年，全国地表水污染依然严重，七大水系水质总体为中度污染，湖泊富营养化问题突出。

七大水系水质与 2007 年基本持平，200 条河流 409 个断面中，一二三类、四五类和劣五类水质的断面比例分别为 55.0%、24.2% 和 20.8%。其中，珠江、长江水质总体良好，松花江为轻度污染，黄河、淮河、辽河为中度污染，海河为重度污染。七大水系污染程度次序为：海河—辽河—淮河—黄河—松花江—长江—珠江。主要大淡水湖泊的污染程度次序为：巢湖（西半湖）—滇池—南四湖—太湖—洪泽湖—洞庭湖—镜泊湖—兴凯湖—博斯腾湖—松花湖—洱湖，其中巢湖、滇池、南四湖、太湖污染最重。不适合做饮用水源的河段已接近 40％；工业较发达城镇河段污染突出，城市河段中90％的河段不适合做饮用水源；城市地下水 50％ 受到污染。另外，一些意外事故也造成了严重的水污染事件，以 2005 年底的松花江事件最为典型。

2005 年 11 月 13 日，位于吉林省吉林市的中国石油吉林石化公司双苯厂一车间发生连续爆炸。在这之后，监测发现苯类污染物流入该车间附近的第二松花江（即松花江的上游），造成水质污染。14

水污染现状不容乐观

日 10 时，吉化公司东 10 号线入江口水样有强烈的苦杏仁气味，苯、苯胺、硝基苯、二甲苯等主要污染物指标均超过国家规定标准。随着污染物逐渐向下游移动，这次污染事件的严重后果开始显现。特别是黑龙江省省会哈尔滨市，饮用水多年以来直接取自松花江，为避免污染的江水被市民饮用、造成重大的公共卫生问题，市政府决定自 2005 年 11 月 23 日起在全市停止供应自来水，这在该市的历史上从未发生过。停水之后，苏家屯断面（哈尔滨市饮用水源取水口上游 16 千米处）硝基苯浓度 24 日 18 时为 0.4417 毫克/升，超标 25 倍；19 时为 0.5177 毫克/升，超标 29.45 倍；25 日零时为 0.5805 毫克/升，超标 33.15 倍，达到最大值，随后浓度开始下降。在松花江水各项指标符合国家标准之后，该市于 11 月 27 日恢复供水。

二、水污染导致水质性缺水

水质性缺水是指有可资利用的水资源，但这些水资源由于受到各种污染，致使水质恶化不能使用而缺水。水质性缺水不是水量不足，也不是供水工程滞后，而是大量排放的废污水造成淡水资源受污染而短缺的现象。世界上许多人口大国如中国、印度、巴基斯坦、墨西哥、中东和北非的一些国家都不同程度地存在着水质性缺水的问题。

我国本属于资源性缺水国家，长期以来我国重经济、轻环保，众多河流、湖泊水库和地下水被污染状况触目惊心，由此而造成的水质性缺水与本已存在的资源性缺水彼此叠加，使我国缺水状况雪上加霜。

水污染的加剧，使得我国水质性缺水的城市数量呈上升趋势，严重的缺水城市主要集中在华北和沿海地区，并已蔓延到南方地区。上海和广州就是两个典型的水质性缺水城市，它们守着终年波涛滚滚的黄浦江、珠江却不得不到青浦县的淀山湖、宝山区陈行水库或上溯几十千米的上游取水，因为黄浦江和珠江水质严重污染，即便加强自来水工艺处理，出水仍然有令人难以接受的异味。自引滦入津工程之后，又陆续有许多大型的远距离引水或跨流域调水工程，如：引碧入连、引黄济青、引黄入晋、引沂入淮、引松入长等等，就其实质而言，大多是由于城市污水污染水源造成水质性缺水。

　　我国珠江三角洲地区，尽管水量丰富，身在水乡，由于河道水体受污染、冬春枯水期又受咸潮影响，水土资源过度开发，水土流失严重，清洁水源严重不足，已出现水质性缺水问题。引起水源不足的因素，除资源分配不均以及人口规模庞大需求量大外，一个最不能忽略的原因就是水源的污染。随着珠三角近30年经济上的迅猛发展，大量的工业废水、生活污水，也随之渐渐侵蚀着这些河流的健康肌体。有水利专家感慨地说，在珠三角流域，几乎已经很难找到一条还没被污染的河流了。珠三角地区的广东省，主要江河控断面水质优良率仅为57.6%，城镇污水处理率仅为40.2%，大中城市河段污染较为严重，生态环境建设及生态恢复能力不足，部分水库水质呈现富营养化状态，水生生态受到不同程度影响。

三、水污染影响人类健康

　　全世界每天约有200吨垃圾倒进河流、湖泊，而每年排放约

4000 多亿吨污水，造成 5 万多亿吨水体被污染。世界卫生组织调查指出，人类疾病中的 80% 与水污染有关。伤寒、霍乱、胃肠炎、痢疾、传染性肝类是人类五大疾病，均由水的不洁引起。被寄生虫、病毒或其他致病菌污染的水，会引起多种传染病和寄生虫病。据统计，50% 儿童的死亡是由饮用被污染的水造成的；12 亿人因饮用被污染的水而患上多种疾病；每年世界上有 2500 万名以上的儿童因饮用被污染的水而死亡；因沼泽污水传染疟疾每年 10 亿人，造成 270 万人死亡，其中非洲儿童约占 100 万人；全世界因水污染引发的霍乱、痢疾和疟疾等传染病的人数超过 500 万。

我国的城乡居民也因为饮用受到污染的水而受到很大伤害。根据调查，我国地表水饮用水水源地不合格的约占 25%，其中淮河、辽河、海河、黄河、西北诸河近一半水质不合格。华北平原地下水饮用水源地，有 35% 不合格。我国 70% 以上河流湖泊遭受不同程度污染，高氟水、高砷水、苦咸水、有机污染水、血吸虫等，造成农村 3.6 亿人饮水不安全。其中，1.9 亿人饮水中有毒物质含量超标。

水污染导致的地方性疾病，在我国分布范围广，罹患者多，受威胁人口更多。如地方性氟中毒病，是在高氟环境中，长期摄入超过人体需要量的氟元素而引起的慢性中毒性地方病，以影响骨骼和牙齿等硬组织为主的全身性疾病。早期病变为损害发育中的牙釉质发生氟斑牙，继续发展可引起骨骼变化，表现为腰腿疼、关节活动受阻。重者骨骼变形、致残甚而瘫痪，生活不能自理。

被化学物质污染的水，通过饮水或食物链，污染物进入人体，使人急性或慢性中毒。化学物质对饮水污染所带来的危害与微生物所造成的污染不同，主要危害是长期接触后造成的有害作用，特别是蓄积性毒物和致癌物质。

重金属污染的水，对人的健康均有危害。被镉污染的水、食物，人饮食后，会造成肾、骨骼病变，摄入硫酸镉20毫克，就会造成死亡。铅造成的中毒，引起贫血，神经错乱。六价铬有很大毒性，引起皮肤溃疡，还有致癌作用。饮用含砷的水，会发生急性或慢性中毒。砷使许多酶受到抑制或失去活性，造成机体代谢障碍，皮肤角质化，引发皮肤癌。有机磷农药会造成神经中毒，有机氯农药会在脂肪中蓄积，对人和动物的内分泌、免疫功能、生殖机能均造成危害。稠环芳烃多数具有致癌作用。氰化物也是剧毒物质，进入血液后，与细胞的色素氧化酶结合，使呼吸中断，造成呼吸衰竭窒息死亡。

近年来水中有机污染物引起普遍关注。有机物种类繁多，成千上万，而且每年以上千种增加。人工合成的有机物形态稳定，在环境中需要几年乃至几十年的时间才可能降解成为无害的物质，因此其将残留在环境中。这些化合物在被生物分解的过程中将会被生物富集于体内，使生物体内的浓度大大升高，并通过生物链的作用传递。许多种人工合成的有机物具有致突变、致畸变、致癌变作用和毒性，对健康产生潜在危害。相对于水体中的天然有机物，它们对公众的健康危害更大。

此外，水污染会导致水生生物体内有毒物质的慢性蓄积，使人吃了这些水产品也产生慢性毒性作用。污染的水还可以通过灌溉农田而污染土壤，使农作物也被污染，导致蔬菜、粮食毒物聚集，从而间接影响人体健康。

四、水污染影响工农业生产

水被污染了以后，工业生产中会增大对设备的腐蚀、影响产品质量，甚至使生产不能进行下去。也就是说，水污染是工业企业效益不高、产品质量不好的因素之一。为了处理被污染了的水，企业需要投入更多的处理费用，造成资源、能源的浪费，食品工业用水要求更为严格，水质不合格，会使生产停顿。水污染造成的经济损失令人触目惊心，据水利部介绍，我国由于缺水和水污染导致每年工业总产值的损失大约 2000 亿人民币。

水污染还会对农业构成重要影响。被污染的水中含有盐、碱离子态的物质，这些物质随灌溉水进入土壤后，会提高土壤溶液的渗透压，影响作物根吸水，遭受盐害的作物常出现斑状缺苗、生长矮小和叶体失绿等现象。除了离子态物质对农作物有影响外，水中的有机污染物还会对农作物的生育进程、产量、品质产生影响。污灌明显地影响作物的生育进程，这种影响具有双重性：既有有利的一面，也有不利的一面。由于水质不同，作物类型的不同，污灌对作物产量的影响也不同。对表观品质的影响，表现为增加出糙率、死米率和碎米率，降低净谷率。好米率初期增加，长期污灌则可能下降。农业使用污水，使作物减产，品质降低，甚至使人畜受害，大片农田遭受污染，降低土壤质量。

五、水污染导致水生态危机

水污染还会对水生态环境构成危害，危害依据污染物性质的不同而不同，突出表现在造成水体富营养化和破坏水环境生态平衡两个方面。

水体富营养化是指当含有大量氮、磷等植物营养物质的生活污水、农田排水连续排入湖泊、水库、河水等处的缓流水体时，造成水中营养物质过剩的现象。在正常情况下，氧在水中有一定溶解度。溶解氧不仅是水生生物得以生存的条件，而且氧参加水中的各种氧化还原反应，促进污染物转化降解，是天然水体具有自净能力的重要原因。富营养化的水臭味大、颜色深、细菌多，这种水的水质差，不能直接利用。富营养化是水体衰老的一种表现。

随着水体植物营养物含量的增加，将导致水生生物主要是各种藻类大量繁殖。藻类占据湖泊中越来越大的空间，有时甚至有填满湖泊的危险，这样便使鱼类生活的空间越来越缩小。随着水体富营养化的发展，藻类种类数逐渐减小，而个体数迅速增加，藻类过度旺盛的生长繁殖将造成水中溶解氧的急剧变化。同时，由于藻类繁殖迅速，生长周期短，不断死亡，并被好氧微生物分解，消耗水中的溶解氧；也可被厌氧微生物分解，产生硫化氢等有害物质。从以上两方面造成水质恶化，能在一定时间内使水体处于严重缺氧状态，从而严重影响鱼类的生存，问题严重时，常使鱼类和其他水生生物不能生存而大量死亡，水面发黑，水体发臭形成"死湖"、"死河"、"死海"，进而变成沼泽。

从"死湖"里打捞出受污染的鱼

　　水污染会破坏水环境生态平衡。良好的水体内，各类水生生物之间及水生生物与其生存环境之间保持着既相互依存又相互制约的密切关系，处于良好的生态平衡状态。当水体受到污染而使水环境条件改变时，由于不同的水生生物对环境的要求和适应能力不同，产生不同的反应，将导致生物种群发生变化，破坏水环境的生态平衡。

　　2003年，美国科学家在为包括首都华盛顿等地区提供饮用水的波托马克河发现奇怪现象，河中一些黑鲈兼具雄性和雌性生理特征，成为双性"阴阳鱼"，而水污染就是最大元凶。波托马克河中的"双性"鲈鱼并不是水污染导致的第一例动物变异。水污染中的激素成分已在不同国家导致鳄鱼、青蛙、北极熊和其他动物发生畸形变异，给全世界敲响了警钟。

链接：黄河最大支流——渭河丧失生态功能

发源于甘肃渭源县的渭河干流全长 800 多千米，在陕西，它的流域内集中了陕西 64% 的人口、56% 的耕地和 72% 的灌溉农业，以及 80% 的 GDP，它同时成为关中唯一的废污水承纳和排泄通道，陕西省 80% 以上的工业废水和生活污水通过它排泄。2004 年 9 月，陕西省人大常委会认定："渭河已经丧失了生态功能，成为黄河流域污染最严重的河流之一。"

渭南市正位于关中平原东部，它中部的渭河冲积平原是八百里秦川最宽阔的地带，是陕西省和西部地区进入中东部的"东大门"。

在经过上游宝鸡、咸阳和西安之后，到达渭南中心城市以北的渭河长年都是劣五类水。对于在这里生活的人们，这条黄河最大的支流已经毫无意义。"晚来清渭上，疑似楚江边"的诗意，已经随着农业文明时代的远去而风流云散——在渭南，没有市民把渭河当成一处景观。除了渭河岸边的村民，河堤边少有人行走。汛期没有来到的时候，渭河水浓稠乌黑如同柏油，在 50 米外就有恶臭扑鼻而来。7 月进入汛期，大量的雨水稀释了河水的恶臭，裹携着黄沙的河水中央仍然混杂着其他颜色和一团团灰色泡沫。

沋河径流基本来自城市的污水，它如同一管变质的血液，注入已然枯萎腐败的动脉渭河。两河交汇之处西面的开阔地是城市最主要的地下水源地。渭河和沋河交汇之处西面的开阔地非常重要，那是城市最主要的地下水源地，城市的大部分的饮用水源，就依靠这两条河流的激发补给。

据介绍，20 世纪 60 年代，渭河除了泥沙很大，还很干净，可供

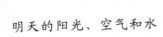

生活饮用，鱼虾很多。不过那个年代，人们不需要利用渭河作为水源。在20世纪90年代以前，城市的地下水足以满足城市生活所需。整个20世纪90年代，每年的7、8、9三个月的用水高峰，是自来水公司工作最紧张的时候。"每一年都要应急增加两到三眼井。"自来水公司从1987年的13眼井发展到1997年的30眼井。人们发现地下水位一直在降低，每年井中的水位要降1米，旧的井不得不废弃，新的井再打出来。水量变化的同时，地下水水质也逐渐有变化：先是浅层水发黄不能再用，如今只能用中层水和深层水，一部分中层水也被污染了。

渭南市的一份政府研究报告显示，城市每天供水量与需水量之间，仍然有2万吨的缺口。局部的过量开采已经在市区形成了72平方千米的漏斗区。到2010年，渭南规划中的城区人口将增加到40万，用水缺口也将扩大到16.47万吨。缺水也影响了农业灌溉，在城市东南郊的沋东灌区，4800多亩土地，自沋河水库向城市供水，已经多年得不到充分灌溉。

地下水位一直在降的同时，地下水水质污染也日趋严重。我国缺水的四种主要表现——时间性、地区性、工程性和水质性缺水，在渭南都全部具备。事实上，水质性缺水，是渭南的最大问题。在城区的地下水，地下30米以内的潜水均受到不同程度的污染，特别是城市中心区及城市北部渭河南岸，潜水中氨氮、亚硝酸盐氮、矿化度、总硬度、硫酸盐、锰、氟、铁等均有超标，已经不能饮用。而筹备在建的水厂的勘探资料表明，几乎所有潜水中铁、锰均分别超标2~3倍和5~8倍，占取水量的80%以上。

第四节　藏污纳垢的海洋

人们应当认识这一事实，由于地球表面有了海洋，才使地球成了人类生命的摇篮。经过地球史上原始大雨长期降落以后，最初的生物，由于水的庇护而受不到来自太阳的杀伤性辐射，才能在海洋中出现。许多植物和许多动物起源于海洋，后来移居到陆地。今天，仍因海洋受太阳辐射而把水蒸气带至天空，才向地面降下取得谷物丰收和维持生命的雨水。海洋的水是我们这个星球的过滤系统，所有无机物和生物的污渣在那里溶化、分解并转变成供养生命的物质。海洋是全世界的阴沟，又是阴沟消毒槽，经过蒸发、沉淀，向人类、动物以及植物提供清洁的水。海洋是氧气的主要供应者，其中的浮游生物放出氧气，使生活在海里、陆上和空中的全部用肺或鳃呼吸的生物得以生存。没有水的蓄热特性，地球上很多的地方就无法居住。海洋是热带的冷却剂，是把暖流带向寒冷地区的输送者，是整个地球温度的调节器。

然而从许多海洋生物学家的观点来看，海洋是生物圈目前最受威胁的部分。因为海洋也正在被伤害、被污染。

一、海洋并非无边无际

人们对于海洋系统的最初想法，如同对空气和气候一样，认为永远不会受到人类微小作用的影响。不管我们是把海洋看成为陆地

上一切污物的清洗者，还是看成由于刮飓风和台风舟船沉没而造成无数男人死亡的残酷的"寡妇制造者"，海洋始终是强有力的，又宁静、又狂暴地对待所有浮沉于多变浪涛中的忙忙碌碌的人们。

事实上，人们仍然怀着过时的观点在看待海洋，认为海洋是无边无际的一片汪洋。我们大家都有这种感觉，认为只要被污染的江河流入大海，只要将城市的下水道通向远离陆地的海洋，好像全部工业污物和城市污物就都消失于地平线外的蓝色天空了，好像我们已把污物从地球上运走了。

这样的一种海洋概念，使我们似乎忘记了地球是圆形的，没有边缘的。从原始时代开始直到工业化的现代，凡是被倾入或流入海洋的每一点物质，最后总以这种或那种形式蓄积在受陆地包围的海洋之中，这儿是我们生物圈的最低部位，是唯一没有废弃物出路的地方。站在海岸上遥望着海天一色的地平线时，我们并没有深刻领会许多 20 世纪航海者或宇宙航行员所发出的警告。航海者常年漂洋渡海，往来于大陆与大陆之间；宇宙航行员从上空俯瞰地球全貌，他们都提出见证：海洋并不像我们所梦想的那样无边无际。

海洋直接或间接地接受世界上所有的无数城市、所有农田、所有工业的污物和放射性微尘。海洋不是在流向蓝色天空，而是被陆地所包围。如果我们向任何一个方向走得够远的话，我们会发现，海洋之间完全是相互连接的，并且都在分担着极快地蓄积起来的污染物。

凡是对人类最重要的水域，往往都最先受到污染，如最接近表层的海水、沿岸海域和江河出口地带等。起光合作用的大量海洋浮游生物及其他海洋生物，大都集中在不比五大湖深的海水上层。事实上，大约80%的世界捕鱼量是在不到200米深的水中捕获到的，这只相当于苏必尔湖深度的一半。同时，海洋生物还特别集中在靠近陆地的浅水区。据估计，全部海洋生物的90%集中在大陆架上面，而大陆架仅占海洋面积的10%。维护地球上生物生命所不可缺少的浮游生物和鱼类，就是这样地集中在最易为人类活动所影响的海水之中。比这些高度集中区域更远和更深的海洋里，当然还有鱼类，但数量大大减少，而且渔网也达不到。

我们必须从根本上来改变那种把海洋看成是无边无际的荒唐观点。海洋不会受地球上全体人类的各种废弃物的危害的看法是错误的。我们必须认识这样的事实，海洋的污染也存在着杠杆的支点，那就是在靠近水面和海岸地区，人们的活动交织在一起，能够很快地产生持久的破坏性后果。即使是深海中的生物，也会因海岸水域的损害而受到影响。

海洋就像在它上面的大气一样，互相混杂，互相转移负担，互相洁净或毒化，在不断的海流中和不测的风浪中交织成一片汪洋大海。海洋上的雨有时下得适度，有时却是过多。世界各地的海岸无一不受海潮的冲击。各个主权国政府都可以宣布对领土的神圣权利，但是空气却能带来酸性的雨水，海浪可以卷进毒物。污染从这个大陆移向那个大陆。今天还是秘鲁领海里的水，几星期以后就成为波利尼西亚群岛附近的水了。

二、海洋成了垃圾坑

自然界本身确实也把海洋当作垃圾坑。世界上的江河每年将极其巨量的矿物质冲入海洋。这些矿物质在海水表层被稀释或氧化，或者沉入海底。在20世纪60年代中期所作的估计表明，自然界本身每年把大约2500万吨的铁，以及30万～40万吨的锰、铜和锌冲入海洋。另外还冲入铅和磷各18万吨和汞3000吨。铅、磷和汞都是有毒性的元素，铅和汞还是致命的毒物，磷能促使藻类繁殖。在这些自然界本身的流失物中，还必须加进现代工业造成的日益增多的大量流失物。这就不可避免地大大增加了最终流向海洋垃圾坑的矿物质。随着世界工业生产的日益增长，排入海洋的有毒物质的数量是相当可观的。

此外，我们还必须注意，还有许多绝非偶然地向海洋倾倒的现象。不管人们对于地球上海洋景色的宏伟和威严是如何赞颂，他们却仍然把海洋当成污水沟来对待。在许多国家，沿海地区人口密集，他们把很大一部分稍加处理或完全不加处理的生活污水直接排入海中。此外，工业又把相当数量的重金属、无机物质、有时还有放射性废弃物倾入近海。江河本已被当作排水沟，它们也把所接受的排出物通通送给海洋。

由于核发电厂的增加，大概大多数核国家都将把装有放射性废弃物的、被认为是安全的不锈钢容器掷入海洋。很多工业上抛弃废物的方法是很愚蠢的。1970年挪威政府海运局发现，很多欧洲塑料制造厂把很毒的废物盛在容器里抛入北海。

海洋污染问题需要引起人们的重视

一部分流失的肥料也经江河带入海洋。像农业上所用的杀虫剂，特别是氯化烃类，如 DDT，流到海洋，随着海流奔向各处，而且在海洋生物中沿食物链逐步地浓缩。这些杀虫剂甚至影响到远离农业耕作区的南极动物。氯化烃类被人们在农田里作为农药喷洒后，使秃鹫、猎鹰和其他禽类生出的蛋不能孵化。在北极熊体内也找到有氯化烃类。最近为了进行试验，在格陵兰以东捕获了 20 条来自北极海流中的鲸鱼。在所有鲸鱼的脂肪中，均发现含有包括 DDT 在内的六种可以鉴别出来的杀虫剂。

除了有毒物质在世界范围内传播的现象以外，其他的一些污染物，对沿海水域的影响，大致和它们在江湖中所产生的相同。来自生活污水和农业废弃物的富营养物质，往往使海岸水域的养料过量，因而经常造成海洋生物的大量繁殖。有些地区污物不断排向内海，如波罗的海和地中海，最后势必发生长期"厌氧状态"的真正危险。也就是说由于长期严重缺氧，只能使厌氧的有腐烂气味的沼泽植物

和低级动物在其中生存。

　　由于人类把整个海洋当作废物和残渣的收容所，其后果使我们面临着更大的困难，即我们无法知道从四面八方倒进海洋里的东西究竟有多少，也无法知道海洋能够承受的又究竟是多少。

三、不得不提的石油污染

　　由于人类在海上进行油气开采、船舶运输，以及沿岸工业排污的原因，海洋的石油污染正在成为一个越来越严重的问题。由于石油产地与消费地分布不均，因此，世界年产石油的一半以上是通过油船在海上运输的，这就给海洋带来了油污染的威胁，特别是油轮相撞、海洋油田泄漏等突发性石油污染，更是给人类造成难以估量的损失。

　　1967 年 3 月，"托里峡谷"号油轮在英吉利海峡触礁失事是一起严重的海洋石油污染事故。该轮触礁后，10 天内所载的 11.8 万吨原油除一小部分在轰炸沉船时燃烧掉外，其余全部流入海中，近 140 千米的海岸受到严重污染。受污海域有 25000 多只海鸟死亡，50% ~90% 的鲱鱼卵不能孵化，幼鱼也濒于绝迹。为处理这起事故，英、法两国出动了 42 艘船、1400 多人，使用 10 万吨消油剂，两国为此损失 800 多万美元。相隔 11 年，1978 年超级油轮"阿莫戈·卡迪兹"号在法国西北部布列塔尼半岛布列斯特海湾触礁，22 万吨原油全部泄入海中，是又一次严重的油污染事故。1979 年 6 月，墨西哥湾"伊克托"1 号油井发生喷油事件，310 万桶石油被注入墨西哥湾，共漏出原油 47.6 万吨，一直到 1980 年 3 月 24 日才封住，使墨

西哥湾部分水域受到严重污染。

发生海洋石油污染后，石油在海水中形成大片油膜，这层油膜将大气与海水隔开，减弱了海面的风浪，妨碍空气中的氧溶解到海水中，使水中的氧减少，同时有相当部分的原油，将被海洋微生物消化分解成无机物，或者由海水中的氧进行氧化分解，这样，海水中的氧被大量消耗，使鱼类和其他生物难以生存。

石油在海面形成的油膜能阻碍大气与海水之间的气体交换，影响了海面对电磁辐射的吸收、传递和反射。长期覆盖在极地冰面的油膜，会增强冰块吸热能力，加速冰层融化，对全球海平面变化和长期气候变化造成潜在影响。海面和海水中的石油会溶解卤代烃等污染物中的亲油组分，降低其界面间迁移转化速率。

石油污染形成的油膜会减弱太阳辐射透入海水的能量，会影响海洋植物的光合作用。油膜玷污海兽的皮毛和海鸟羽毛，溶解其中的油脂物质，使它们失去保温、游泳或飞行的能力。石油污染物会干扰生物的摄食、繁殖、生长、行为和生物的趋化性等能力。受石油严重污染的海域还会导致个别生物种丰度和分布的变化，从而改变群落的种类组成。高浓度的石油会降低微型藻类的固氮能力，阻碍其生长，终而导致其死亡。沉降于潮间带和浅水海底的石油，使一些动物幼虫、海藻孢子失去适宜的固着基质或使其成体降低固着能力。石油会渗入大米草和红树等较高等的植物体内，改变细胞的渗透性等生理机能，严重的石油污染甚至会导致这些潮间带和盐沼植物的死亡。

石油对海洋生物的化学毒性，依油的种类和成分而不同。通常，

炼制油的毒性要高于原油，低分子烃的毒性要大于高分子烃，在各种烃类中，其毒性一般按芳香烃、烯烃、环烃、链烃的顺序而依次下降。石油烃对海洋生物的毒害，主要是破坏细胞膜的正常结构和透性，干扰生物体的酶系，进而影响生物体的正常生理、生化过程。如油污能降低浮游植物的光合作用强度，阻碍细胞的分裂、繁殖，使许多动物的胚胎和幼体发育异常、生长迟缓；油污还能使一些动物致病，如鱼鳃坏死、皮肤糜烂、患胃病以至致癌。另外，油污会改变某些经济鱼类的洄游路线；玷污渔网、养殖器材和渔获物；着了油污的鱼、贝等海产食品，难于销售或不能食用。

链接：我国海洋生物资源面临的问题

我国海洋生物资源主要面临着以下几个方面的问题：

第一，渔业捕捞过度和海水养殖管理不善。传统经济鱼类资源因捕捞过度而处于衰退状态，处于食物链较高营养级的优质鱼类如大黄鱼、小黄鱼、带鱼、鲽鱼等出现资源危机；属于传统优质经济鱼类饵料的低质鱼类，如黄鲫、梅童鱼、沙丁鱼等比例增高。有些地区的海水养殖业管理不善，出现了污染海洋生态环境的倾向，如养殖过程中产生的废水造成海水有机物污染和富营养化；大量采捕饵料生物，使部分滩涂贝类大量减少，破坏了正常的食物链等等。

第二，滩涂围垦和填海造陆夺走了大片海洋生态环境。沿海滩涂大量围垦和人工填海造陆等，不仅使许多海洋动物失去了大面积的栖息地、产卵地、育苗场、索饵场和可供维持生物多样性的滩涂和沼泽资源，引起物种种群减少，而且给附近广大海域的海洋生物资源造成了深远的不良影响。

第三，筑堤修坝等海洋工程的不良影响。某些海洋工程改变了所处海域的水动力条件，导致海域发生淤积等现象，浅海或滩涂生态环境恶化，进而导致海洋生物资源衰退。

第四，海洋污染严重破坏海洋生物资源。随着沿海地区经济的发展，污染源迅速增多，海洋污染经常发生，使海洋生态环境日趋恶化，给海洋生物资源造成严重威胁，并且使一些港湾渔场荒废，溯河性鱼虾类资源受到损害，海洋生物多样性降低，海产食品质量下降。此外，海洋油气开发与海运业的发展使石油污染呈上升趋势。因此，防治海洋污染是一个极其紧迫的课题。

第五，珍稀海洋生物濒临绝灭。我国海域不仅拥有丰富的海洋生物资源，还有不少珍稀物种，但由于过度捕杀等原因，数量都在急剧减少，有的种类几乎绝迹。

我国主要的珍稀海洋动物有儒艮、中华白海豚、北海狮、北海狗、斑海豹、灰鲸、蓝鲸、长须鲸、抹香鲸、露脊鲸、海龟、玳瑁、太平洋丽龟、中华鲟、松江鲈鱼、黄唇鱼、文昌鱼、鹦鹉螺、虎斑宝贝、冠螺、大珠母贝、红珊瑚等。

第五节　让水润泽生命

一方面是水资源缺乏，一方面是水污染严重，世间的生命正经受着缺水的考验，连生存都受到威胁。除了生命的生存，社会经济的发展、世界的绿色和美丽，所有的这一切都需要水的润泽，这就要求我们建立一个节水型的社会，一个节水型的世界。

建立节水型社会并不意味着牺牲经济发展和降低人民生活水平，而是要在建立节水型社会的同时，使经济得到更好的发展，在发展经济的过程中，使水资源的管理利用水平得到更大的提高，人民的生活水平也不断提高。在这方面已有不少国家有着成功的经验，如以色列、新加坡等国家，都是在建立节水型社会过程中，既发展了经济，又提高了人民的生活水平。

进入 21 世纪以后，节水更成为一个普世的价值观念。在注重节水的同时，不同区域之间的调水工程也是解决某一地区用水紧张的一条途径，但水的调度本身具有很大的不确定性，且会承担较多的风险。而水的回收利用和海水去盐等"造水"技术的发展，让人类似乎看到了解决水问题的答案。当然，对水污染的治理也是人类无法避开的一个问题。

一、节约用水

节约用水就是要求个人在日常的生活中对水的使用要有一个节约意识，养成节约用水的好习惯。更加重要的是，在农业灌溉、工业生产中运用节水的方法和技术，对水的节约会起到特别的效果。

生活中有很多节水的注意事项。比如，及时关紧正在滴水的水龙头；在厕所蓄水箱里安装节水装置；在水龙头上装个流水控制器。家庭用水一要注意避免浪费，二要做到一水多用。如淘米水可用来浇花；洗脸水可用来洗衣或洗脚。另外，经常进行漏水检查和维修，是家庭节水中非常重要的举措。

工业一般集中在城市或城市周围，我国城市用水量中工业用水量占60%～65%。其中约80%由工业自备水源供给。工业用水量大、供水比较集中、节水潜力相对较大且易于采取节水措施，因此，工业用水是城市节约用水的重点。

工业用水常用的一些节水方法有：采用能够节省用水的生产工艺及设备，在可能范围内将水循环使用；开展水平衡测试，计算每个生产单位所需的水量，然后设立查验措施，控制耗水量；设法缩短热水管，并将冷水管迁离蒸汽管及其他发热的地方。尽量降低水压；定期检查隐蔽水管，以防漏损，检查内部供水系统，修理有毛病的水箱、水龙头及其他的供水设施；尽量将水循环使用。推广蒸汽冷凝回用、间接冷却水循环利用、污水处理回用等节水技术；在公共建筑中，大力推广节水型卫生洁具和中水回用技术，提高用水重复利用率。

农业上的节水措施比较多，且很多技术和方法已经非常成熟。节水灌溉技术就是农业节水的重要举措，其中包括渠道防渗、管道输水、喷灌、微灌等。道防渗技术就是杜绝或减少由渠道或渠床而流失的水量的各种工程技术和方法。以较低的经费投入，长期保持将水源引用水量尽可能多地、安全、快速输送到田间，达到低投入、高效益的目的。管道输水灌溉是以管道系统代替田间渠系，通过低能耗的机泵和管道系统，将低压水输入田间，并可用末级软管直接浇地来满足作物需水要求的。喷灌是将灌溉水通过由喷灌设备组成的喷灌系统（或喷灌机具），形成有一定压力的水，由喷头喷射到空中，形成水滴状态，洒落在土壤表面，为作物生长提供必要的水分。

微灌是利用微灌设备组成微灌系统，将有压力的水输送到田间，通过灌水器以微小的流量湿润作物根部附近土壤的一种灌水技术。

除了节水灌溉外，农艺措施的改进也能实现节水的目的。根据水资源状况，调整作物种植结构，推广耐旱作物品种，可以减少作物全生育期的灌水总量，达到少灌节水的目的。土地板结，不仅会加剧蒸发和失墒，而且还会影响作物的生产发育，所以在雨后或灌水后要坚持及时划锄保墒，促进作物生长，尤其苗期和春季更为重要。秸秆覆盖还田是一种有效可行的农业节水措施，它能够减少作物植株间的无效蒸发，调节地温、抑制杂草滋生，还可涵养更多的自然降雨，保蓄土壤水分，改良土壤。

除了让人们培养节水意识，在工农业生产中采用节水技术和方法外，利用经济手段来调节水的使用也是一条节水的思路。从经济学上讲，人对于水的需求是分几个层次的，最基础的是饮用水，饮用水不够人们会不问价格来买，这个需求是刚性需求。在刚性需求外就是弹性需求。在水价适中甚至偏低的情况下，无论是个人，还是企业，其用水就自然会多一些，如果提高水价，则弹性需求就可能会下降，或是减缓其对水使用的增长速度。通过经济杠杆的作用，一定程度上可以促使企业、个人积极采取有效的措施节约用水。

二、水的调度

跨流域调水工程是人类运用现代科学技术，改造自然，改变人类生存环境，保护生态平衡和促进经济发展的壮举，南水北调工程就是最为典型的。从 20 世纪 50 年代提出设想，经过几十年的研究，

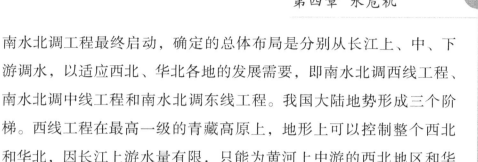

南水北调工程最终启动，确定的总体布局是分别从长江上、中、下游调水，以适应西北、华北各地的发展需要，即南水北调西线工程、南水北调中线工程和南水北调东线工程。我国大陆地势形成三个阶梯。西线工程在最高一级的青藏高原上，地形上可以控制整个西北和华北，因长江上游水量有限，只能为黄河上中游的西北地区和华北部分地区补水。中线工程从第三阶梯西侧通过，从长江中游及其支流汉江引水，可自流供水给黄淮海平原大部分地区。东线工程位于第三阶梯东部，因地势低需抽水北送。

南水北调工程以解决沿线城市生活和工业用水为主要供水对象，兼顾农业及其他用水，建成以后经济效益和社会效益巨大，主要体现在：第一，将较大地改善北方地区的生态和环境特别是水资源条件，增加水资源承载能力，提高资源的配置效率，促进经济结构的战略性调整；对于扩大内需，保持全国经济的快速增长，实现全国范围内的结构升级和经济社会环境的可持续发展。第二，通过改善水资源条件来促进潜在生产力形成现实的经济增长，通过建立南水北调工程新型的运行机制，促进受水地区加大节水、治污的力度，逐步改善黄淮海地区的生态环境状况，使我国北方地区逐步成为水资源配置合理、水环境良好的节水、防污型社会，实现可持续发展。第三，能有效解决北方一些地区地下水因自然原因造成的水质问题，如高氟水、苦咸水和其他含有对人体不利的有害物质的水源问题，改善当地饮水的质量。第四，有利于缓解水资源短缺对北方地区城市化发展的制约，促进当地城市化进程。

除南水北调外，我国还有很多的调水工程，如引滦入津、引黄

济青、北水南调（也就是把松花江和嫩江的水南调到辽东半岛）等。

水的调度有其积极的一面，也有其消极的一面。几乎所有的调水工程，都有学者提出各种各样的质疑，有的是提出调水工程对沿线生态构成破坏的问题，有的是提出调水工程可能存在经济风险等等。

中国科学院地理科学与资源研究所的贾绍凤就指出，引黄济青工程，由于引来的水的成本高于当地开源和节水的花费，于是青岛就不用引黄济青的水。为了收回成本，国家不得不规定青岛即使不用水，一年也要交3900万元。工程利用率不到40%，没有达到预期的设计目标。他还指出，目前的南水北调工程规划只讨论了企业和居民对水价的承受能力，而没有考虑水价大幅提高后企业用水行为的改变。水价的大幅提高必然使企业通过节水、替代等途径减少用水量，因而需水量会明显下降。南水北调工程可能会遇到水价大幅提高后北方地区需水量下降，不用南水北调工程的风险。

三、造水工程

如果说节约用水是"节流"，水的调度只是改变水在空间上的分布，那么"造水工程"就是"开源"。国内外的实践经验表明，城市污水的再生利用，实现污水资源化，是提高水资源综合利用率、缓解水资源短缺矛盾、改善生态环境、减轻水体污染的最有效的途径之一。从社会、经济、环境整体效益出发，城市污水资源化在一定程度上也优于盲目增加供水。现在我国推行的中水就是对污水资源利用的一个很好手段，中水的利用可以从在一定程度上缓解城市

的水资源短缺状况。

中水又叫"再生水"，主要是指城市或生活污水经处理后达到国家规定的水质标准，可在一定范围内重复使用的非饮用水。在美国、日本、以色列等国，厕所冲洗、园林和农田灌溉、道路保洁、洗车、城市喷泉、冷却设备补充用水等，都大量地使用中水。为了有效利用中水，日本在上水道和下水道之间，专门设置了中水道。为鼓励设置中水道系统，日本政府制定了奖励政策，通过减免税金、提供融资和补助金等手段大力加以推广。新建的政府机关、学校、企业办公大楼以及会馆、公园、运动场等公共建筑物基本上都设置了中水道。

中水的利用有利于提高城市（包括工业企业）水资源利用的综合经济效益。首先，利用中水所需的投资及年运行管理费用一般低于长距离引水所需的相应投资和费用。其次，除实行排污收费外，城市污水回用所收取的水费可以使污水处理获得有力的财政支持，使水污染防治得到可靠的经济保证。最后，中水的利用可以有效地保护水源，相应降低取自该水源的水处理费用。

如果说使用中水，只是增多了有限的水的使用次数，还没有实现真正的"造水"的话，那么，海水淡化就是人类利用海水脱盐生产淡水，实现水资源利用的开源增量技术。海水淡化可以增加淡水总量，且不受时空和气候影响，水质好、价格渐趋合理，可以保障沿海居民饮用水和工业锅炉补水等稳定供水。

现代意义上的海水淡化是在第二次世界大战以后才发展起来的。战后由于国际资本大力开发中东地区石油，使这一地区经济迅速发

展，人口快速增加，这个原本干旱的地区对淡水资源的需求与日俱增。而中东地区独特的地理位置和气候条件，加之其丰富的能源资源，又使得海水淡化成为该地区解决淡水资源短缺问题的现实选择，并对海水淡化装置提出了大型化的要求。

海水淡化技术的大规模应用始于干旱的中东地区，但并不局限于该地区。由于世界上70%以上的人口都居住在离海洋120千米以内的区域，因而海水淡化技术近20多年迅速在中东以外的许多国家和地区得到应用。资料表明，到2003年止，世界上已建成和已签约建设的海水和苦咸水淡化厂，其生产能力达到日产淡水3600万吨。目前海水淡化已遍及全世界125个国家和地区，淡化水大约养活世界5%的人口。海水淡化，事实上已经成为世界许多国家解决缺水问题，普遍采用的一种战略选择，其有效性和可靠性已经得到越来越广泛的认同。

四、污水处理

无论采取如何严格的措施，无论采用多么先进的技术，污水的排放是不可避免的。并且水污染在很多地方已经是既成的事实，因此，研究污水的处理技术和方法就非常必要。目前，根据所采取根据所采取的自然科学的原理和方法，污水处理一般分为物理法、化学法、物理化学法和生物法。

物理法是利用物理作用除去污水的漂浮物、悬浮物和油污等，在处理过程中不改变污染物的化学性质，同时从废水中回收有用物质的一种简单水处理法。常用于水处理的物理方法有重力分离、过滤、蒸发结晶和物理调节等方法。重力分离法指利用污水中泥沙、悬浮固体和油类等在重力作用下与水分离的特性，经过自然沉降，将污水中比重较大的悬浮物除去。离心分离法指在机械高速旋转的离心作用下，把不同质量的悬浮物或乳化油通过不同出口分别引流出来，进行回收。过滤法是用石英沙、筛网、尼龙布、隔栅等作过滤介质，对悬浮物进行截留。蒸发结晶法是加热使污水中的水气化，固体物得到浓缩结晶。磁力分离法是利用磁场力的作用，快速除去废水中难于分离的细小悬浮物和胶体，如油、重金属离子、藻类、细菌、病毒等污染物质。

化学法就是使有毒、有害废水转为无毒无害水或低毒水的一种方法，主要有酸碱中和法、混凝、化学沉淀、氧化还原等。酸碱中和法是指采用加碱性物质处理酸性废水，加酸性物质处理碱性废水，让两者中和后，加以过滤可将废水基本净化。凝聚法指将污水中加入明矾，充分搅拌，使带电荷的胶体离子沉淀下来。化学沉淀法是在废水中加入化学沉淀剂，使之与废水中的重金属污染物发生反应，以生成难溶的固体物而沉淀。氧化还原法是加入化学氧化剂或还原剂，有选择地改变废水中有毒物质的性质，使之变成无毒或微毒的物质；电化学法是利用电解槽的化学反应，处理废水中污染物质的一种技术，包括电解氧化还原、电解凝聚等不同的过程。

物理化学法是利用物理化学作用去除废水中的污染物质，主要有吸附法、离子交换法、膜分离法、萃取法等。吸附法是指向废水中投入活性炭等吸附剂，利用其物理吸附、化学吸附、氧化、催化氧化和还原等性能去除废水中多种污染物的方法。离子交换法是借助于离子交换剂中的交换离子同废水中的离子进行交换而去除废水中有害离子的方法。膜分离法是利用特殊膜（离子交换膜、半透膜）的选择透过性，对污水中的溶质或微粒进行分离或浓缩的方法的统称。萃取法是利用溶质在互不相溶的溶剂里溶解度的不同，用一种溶剂把溶质从另一溶剂所组成的溶液里提取出来的操作方法。

生物法是利用微生物分解有机污染物以净化污水。未经处理即被排放的废水，流经一段距离后会逐渐变清，臭气消失，这种现象是水体的自然净化。水中的微生物起着清洁污水的作用，它们以水体中的有机污染物作为自己的营养食料，通过吸附、吸收、氧化、分解等过程，把有机物变成简单的无机物，既满足了微生物本身繁殖和生命活动的需要，又净化了污水。菌类、藻类和原生动物等微生物，具有很强的吸附、氧化、分解有机污染物的能力。它们对废物的处理过程中，对氧的要求不同，据此可将生物法分为好气处理和厌气处理两类。好气处理是需氧处理，厌气处理则在无氧条件下进行。生物法是废水中应用最久最广且相当有效的一种方法，特别适用于处理有机污水。

链接：跨越水的鸿沟

2009年3月，第五届世界水论坛在土耳其的伊斯坦布尔举行，来自全球156个国家和地区的2.8万名代表，包括90多位部长，63名市长和148位议员出席了论坛。第五届世界水论坛的主题是"跨越水的鸿沟"，下面即是具体的子主题和具体议题。

子主题一：全球变化与风险管理

议题 1：应对气候变化

人们对全球变暖诸多原因和后果的理解迅速深化。水利界面临的主要问题是，气候变化将如何影响水循环？应对气候变化、减少人类和环境风险的关键战略是什么？鉴于存在很多不同的自然和经济条件，存在与影响和所需行动有关的内在不确定性，在此情况下，通过议题分会，就相应对策、技术方案、政治决议以及最优先重点进行实质性讨论。

议题 2：与水有关的迁移、土地利用和人居环境变化

对水、土地和居住环境不断增加的压力，导致人口流动，反过来又对新居住环境带来影响。通过改善水管理、土地和环境，就能减少迁移需求及其对居住的影响吗？应对当前和未来人口增长的适当供水发展和管理的战略是什么？

议题 3：对灾害进行管理

当前，城市化进程日益加快，气候不断变化，由此带来的更加频繁和极端的灾害，给数亿人的生命安全和经济安全带来了新威胁。首要任务是做好防灾准备工作，在不同级别政府机构间开展合作，建设与维护重要水利基础设施，以减少灾害发生时给生命、工作、财产和商业持续性带来损失。在此情况下，对这一问题的紧迫性，对不同级别备灾工作的成本效率，对最脆弱、最不发达国家和小岛屿国家所需官方发展援助的支持等方面，存在着许多不同观点。

子主题二：促进人类发展和千年发展目标

议题 4：为所有人提供水和卫生设施——保证足够设施，保护公众健康

人们对为所有人提供水、卫生设施和健康这一目标，已有广泛共识。同时，在对如何实现这一目标，以及更基本的，对实现安全供水和提供环境可持续卫生设施的基本阐释却少有共识。继2008国际卫生年后，第五届世界水论坛将提供一个新的机遇，讨论水、卫生设施与健康取得进展的真实状况，讨论应对世界最具挑战性地区所需的政治承诺。有关地方企业家们是否可以从根本上改变水与卫生设施提供模式这一问题，将与融资机构、社区和营运伙伴更多的传统作用一起，在论坛上加以讨论。

议题5：水与能源

日益短缺的能源资源和日益增加的成本，对水的生产、使用和处理包括海水淡化和水循环利用的前景产生重要影响。同时，日益短缺的水资源还需要满足不断增加的能源需求。水电需要坝后蓄水，水流过涡轮机发出电力，而无需消耗自然资源。在与基于社区的行动和适当技术进行结合时，水与能源政策需要相互谐调。但是，在实践中，能实现这一谐调吗？

议题6：结束贫困与饥饿的水与粮食

需要用更少的水与土地生产更多粮食。人口日益增长、饮食变化带来的挑战、对农业生物质能源难以抑制的渴望，在全球和地方范围内，给有限的土地、水和环境资源带来的压力日益增加。如何寻找实现可持续发展的平衡点？我们如何应对粮食安全和能源安全，需要如何调整市场准入和价格制度，防止贫困人口受到最严重影响？

议题7：开发、保护水的多种服务功能

水的多种用途，冲突还是谐调？通过更加有效的用水，通过与

农业用水谐调，水可以更好地满足家庭、城市和能源生产需要。如果体制和机构准备做好了，并能优化水的多种用途，就可以实现重大投资回报。更好地为实现千年发展目标做出贡献，必须要实现制度化，必须要按比例放大多种用途吗？需要采取何种行政、制度和金融措施，加强这些服务的可持续性呢？

子主题三：管理和保护水资源及其供给系统，满足人类和环境需要

议题8：流域管理和跨界水资源合作

随着水资源承受越来越大的压力，加之气候变化的预期影响，改进的管理、在跨界水资源管理方面的合作，正成为满足人类与环境需要的必要元素。在水领域，团结协作、水资源综合管理的成功故事和失败情况是什么？流域管理、跨界水资源合作以及利益共享的有关关键行动是什么？在地方、区域和全球范围内，已制定出了法律，但是这些法律手段的有效性和适应性如何呢？尤其是对跨界地表水和地下水，利益相关者参与、规划、融资和监测的有效性如何呢？

议题9：确保充足水资源和蓄水设施，满足农业、能源和城市需要

保障充足的水资源对发展非常重要，如果考虑日益加剧的气候变化影响，就显得更为重要。这需要有充足的天然和人工蓄水设施。在以可持续的方式充分满足人类需要的同时，怎样才能在诸多保护资源及其生态系统的不同观点中寻求妥协呢？

议题10：维持自然生态系统

为了维持生态系统和环境流量，为了人类福祉，自然生态系统

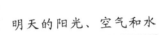

和环境流量应成为整个土地和水资源管理规划、决策和实施过程的一个组成部分。现存国际法律和协定能发挥什么作用？将人类需要与地方价值以及条件考虑进去，在国家和地方级别的规划中需要做些什么工作？

议题 11：管理和保护地表水、地下水、土壤水和雨水

降雨是最大的可用水来源，但对雨水的管理却是最落后的。地下水是最可靠的水源，但也是最脆弱的，易受污染，易被超采。尽管如此，制度惯性鼓励水资源管理仍然集中于地表水。为保护这些不同的水资源和淡水生态系统，以负责任的方式最大限度地发挥其潜力，提倡采取对地表水、地下水、土壤水和雨水进行综合规划和管理的方式。那么，需要对法律和制度框架作何修改？如何最有效地向政治家灌输科学知识呢？

子主题四：水治理与管理

议题 12：落实用水权和卫生权，更好地获得水与卫生设施

用水权与卫生权确实很有意义，承认用水和使用卫生设施的权利，必然会改善人们获得水与卫生设施的状况，特别是贫困人群获得水与卫生设施的状况，以及冲突情况下人们获得水与卫生设施的状况。使用水和卫生设施的权利，会真正给贫困和被边缘化人群带来不同吗？这些人如何将用水权与卫生权作为一个工具，获得水与卫生设施，促使政府和其他行动者负起责任？如果用水权与卫生权是推动千年发展目标取得进展的一个工具，那么需要采取怎样的行动？用水权已经明确，但我们对卫生权内涵的理解也达到了同样水平了吗？我们知道如何落实卫生权吗？

议题 13：通过监管方式改进运行

当前，全世界范围内正在推动建立独立的运营者和服务提供商监管框架，作为明确任务和责任、改进服务和经济运行的一项手段，但是在各种情况下，监管都会起作用吗？当前形势怎样？监管框架在未来有关污水处理回用中能发挥怎样的作用？对地下水资源的可持续利用将发挥怎样的作用？

议题 14：道德规范、透明和利益相关者获权

虽然"水道德"概念看似无可争议，但要更好地管理水，需要对此有一个公认的阐释。这可能吗？同时，制定这样一个标准将鼓励利益相关者参与决策过程。这些决策过程透明，会明确责任，会提供公平机会。其他哪些措施能实现这一目标呢？

议题 15：优化水服务中的公私作用

经济和劳动力条件在不断改变，在提供水服务中，公共和私营组织的作用和责任同样也在不断改变。在这种情况下，除了向私营部门增加特殊作用的外购外，社区正在转向多种服务提供模式，包括公有情况下将公用设施集体化、委派的服务提供模式，以及涉及小型服务商混合模式。在一些情况下，由于担心因私营部门更多参与而失去社区控制，这些变化已经出现争议。

议题 16：水资源管理效率和效果的制度性安排

为了使水资源管理公平、高效和产生效果，各级政府需要协调。本议题关注水短缺形势日益严峻的情况下水资源的协调与配置，集中讨论一些被误解和观点未取得一致的问题，包括在国家级别和地区级别上，建立旨在协调各水管理机构、所有与水有关的部门以及利益相关者的水治理的方式。

子主题五：融资

议题17：水部门可持续融资

实现千年发展目标，应对全球挑战，需要投资。贷款能力业已具备，但借款能力尚不具备。不同的利益相关者需要做什么来增强其借款能力呢？金融机构需要做什么才能使其金融产品满足借款人的需求呢？地方政府怎样做才能成为更加可靠的融资利益相关者，以便运营商和公用事业管理者扩大投资覆盖范围，改进服务？在改进流域管理方面，哪些非传统融资机制是可行的？

议题18：水部门可持续的一个工具——价格战略

水价战略是对财政、社会、经济和环境可持续性政策目标作出的响应，但水价自身并非是实现社会政策目标的适当手段。开展这一话题探讨，将试图揭示城市供水、乡村供水与灌溉服务之间的主要平衡，包括提供卫生服务的价格战略。

议题19：支持贫困人口的融资政策和战略

尽管进行充分融资对扩大服务范围、满足贫困社区需要是必要的，但是许多融资机制并没有真正服务于最贫困人口。我们将对许多具体的融资和法律解决方案进行调查，以加快贫困人口获得支付得起的供水与卫生服务的进程。

子主题六：教育、知识和能力建设

议题20：教育、知识和能力建设战略

能力建设投入了许多资金和精力。但是，不同级别的能力建设有多成功呢？特别是业务和运行一级的能力建设结果怎样呢？我们

拥有大量而快速增长的知识和经验，如何保证各利益相关者包括儿童、年轻人和教育家作出贡献，并能平等获得这些知识、经验？科学知识必须结合当前存在的问题，并能有效地及时地为大家共享，这样拥有本地知识的社区在减少主要水问题影响中就会产生不同结果。

议题21：水科学技术——21世纪适当的创新的解决方案

为了建设更加美好的未来，水管理战略应借鉴业外的一些思想观念。新兴技术与标准个人化信息平台的结合，能形成迅速应对变化的灵活制度吗？

议题22：利用专业协会和网络的资源，实现千年发展目标

尽管在实现千年发展目标中，专业协会和网络可发挥非常重要的作用，但目前它们的作用依然很小。本话题关注的问题是，开发机构是否把专业协会视为未充分利用的资源，如何利用、鼓励支持专业协会和网络，使其为实现千年发展目标作出重要贡献等。

议题23：信息共享

公开信息财富，不仅仅是获得信息问题，也是理解哪些要素是最重要的，哪些手段可以付诸实施以最好地共享知识的问题。只有20%的涉水信息易于获取，从科学和实践来看，我们已对水循环理解得很好了吗？

议题24：水与文化

文化多样性及其与水管理方式、科学、政策制定和能力建设的结合，不仅为水资源可持续管理带来了机遇，也带来了挑战。此外，历史提供了重要的知识，有助于应对当前和未来的挑战。

后　记

　　2009 年 6 月，北京市的月平均气温达到 28.8℃，而从 1999 年到 2008 年间，6 月份的月平均气温为 24.9℃，即 2009 年 6 月的月平均气温比常年高出近 4℃。气温高直接导致用水量连创新高。随着气温持续升高，市区供水量也不断增加。6 月 1 日，市区日供水量为 260 万立方米，突破 2000 年以来的最高日供水量，比 2008 年最高日供水量高出 14 万立方米。6 月 24 日，市区日供水量为 266 万立方米。6 月 25 日，市区日供水量达 273 万立方米。6 月 29 日，供水量最高纪录再次被刷新，市区日供水量达到 278 万立方米，创出北京百年供水史上最高水平。

　　气温升高、用水量陡增的情况何止只发生在北京，全国各地、全球各地，差不多都出现了类似的情况。气温的升高可能是气候变化的自然起伏，但也不能排除人类活动对其起到了推波助澜的作用。此外，人类活动造成大气污染，臭氧层的破坏导致紫外线对人类和其他生物的伤害事故增多；酸雨污染导致粮食歉收的报道，也频见报端。臭氧层破坏、气候变暖、酸雨威胁、水危机正发生在我们身边。

　　是时候反省人类的行为了，是时候考虑人类创造财富的方式了，是时候把目光投注到我们须臾不可离开的阳光、空气和水了。唯有阳光依然明媚、空气依然清新、水依然清澈，人类才会有可期冀的美好明天。